供水技术系列教材
GONGSHUI JISHU XILIE JIAOCAO

JINGSHUI GONGYI

净水工艺

主 编 常 颖 吴 强

副主编 陈慧仪 严伟婵
　　　 漆文光 贺 涛

华南理工大学出版社
SOUTH CHINA UNIVERSITY OF TECHNOLOGY PRESS
·广州·

图书在版编目（CIP）数据

净水工艺/常颖，吴强主编.—广州：华南理工大学出版社，2014.10（2023.7 重印）
供水技术系列教材
ISBN 978 - 7 - 5623 - 4213 - 7

Ⅰ.①净…　Ⅱ.①常…②吴…　Ⅲ.①净水 - 技术 - 教材　Ⅳ.①TU991.2

中国版本图书馆 CIP 数据核字（2014）第 089424 号

净水工艺

常颖　吴强　主编

出 版 人：柯 宁
出版发行：华南理工大学出版社
　　　　　（广州五山华南理工大学 17 号楼，邮编 510640）
　　　　　http://hg.cb.scut.edu.cn　　　　E-mail：scutc13@ scut. edu. cn
　　　　　营销部电话：020 - 87113487　87111048（传真）
策　　划：吴兆强　林起提
责任编辑：吴兆强
印 刷 者：广州小明数码印刷有限公司
开　　本：787mm × 1092mm　1/16　印张：11　字数：282 千
版　　次：2014 年 10 月第 1 版　2023 年 7 月第 4 次印刷
印　　数：2501 ～ 3000 册
定　　价：23.00 元

"供水技术系列教材"
编委会

主　任：王建平

副主任：刘尚健　黄念禹　孙　伟　黄　微
　　　　张海欧

委　员：袁永钦　叶美娴　沈　军　董玉莲
　　　　常　颖　吴卓祯　梁伟杰　魏日强
　　　　谢宣正

《净水工艺》编写组

主　编：常　颖　吴　强

副主编：陈慧仪　严伟婵　漆文光　贺　涛

序

    在一个城市里，给水系统是命脉，是保障人民生活和社会发展必不可少的物质基础，是城市建设的重要组成部分。近年来，我国已成为世界城市化发展进程最快的国家之一，今后一个时期，城市供水行业发展也将迎来新的机遇、面临更大的挑战，城市发展对供水行业提出了更高的要求，我们必需坚持以人为本，不断提高人员素质，培养一批优秀的专业技术人员以推动供水行业的进步，从而使整个供水行业能适应城市化发展的进程。

    广州市自来水公司，作为国内为数不多的特大型百年供水企业，一直秉承"优质供水、诚信服务"的企业精神，同时坚持"以科技为先导，以人才为基础"的发展战略，通过各类型的职工专业技能培训，不断提高企业职工素质，以适应行业发展需求。

    为了进一步提高供水行业职工素质和技能水平，从 2011 年起，广州市自来水公司组织相关专业技术人员，历经 3 年时间，根据《城市供水行业 2010 年技术进步发展规划及 2020 年远景目标》要求，针对我国城市供水行业现状、存在问题及发展趋势，以"保障安全供水、提高供水质量、优化供水成本、改善供水服务"为总体目标，结合广州市中心城区供水的具体特点，按照"理论适度、注重实操、切合实际"的编写原则，编制了本系列丛书，主要包括净水、泵站操作、自动化仪表、供水调度、水质检验、抄表收费核算、管道、营销服务、水表装修等九个专业。

    本次编写的教材可以用于供水行业职工的岗前培训、职业技能素质提高培训，同时也可作为职业技能鉴定的参考资料。

王建平

2014 年 10 月

前　言

　　《净水工艺》是"供水技术系列教材"之一。全书共分为五章，第一章为"基础知识"，主要内容包括水源水质分类、特点及饮用水水质标准等；第二章为"给水工艺"，主要内容包括常规处理、生物预处理、深度处理、净水原材料介绍及微污染物质应急处理的一般方法，以及所采用的净水原材料特点等；第三章为"排泥水处理工艺"，主要内容包括排泥水的特性、处理工艺及脱水污泥的处置方法等；第四章为"净水构筑物的运行管理"，主要内容包括各类净水构筑物的检查、检测、清洗、消毒等日常管理工作方法；第五章为"给水净化技术的发展"，主要内容包括目前国内先进净水工艺的发展趋势及应用实例。

　　近年来，随着国民经济的持续、高速发展，城市水资源普遍受到污染，自来水厂原有取水水源水质进一步恶化；同时，水源突发污染事故频发及人们生活水平的不断提高，促使公众对饮用水水质安全给予越来越多的关注。为此，国家卫生部和标准委员会于2006年12月联合发布了新国标——《生活饮用水卫生标准》（GB 5749—2006），水质指标由原来的35项增加至106项，全部指标已于2012年7月1日实施。

　　新国标对饮用水水质提出了更高要求，国内相当数量的供水企业由于水源水质变化、生产工艺水平落后、设施陈旧老化、处理能力不足、设计建造不够合理、自动化程度不高等多种原因，供水水质难以满足新国标要求。于是，自新国标发布以来，我国自来水行业迎来了技术改造的新高潮。

　　新国标的实施使自来水行业迎来了历史性发展契机，加快了自来水企业升级改造的步伐，使得近年来在净水工艺、自动化控制、水质仪表、水泵设备以及管道技术等新工艺、新技术、新设备方面发展迅猛，各企业的技术改造的实施，使自来水厂的生产管理已发生变化。编者为适应新形势发展，确保自来水企业从业人员熟练掌握水厂改造后的新技术和新工艺而编写了本书。本书在立足于国内净水工艺基本知识的基础上，重视理论与生产实际相结合，主要对各类净水工艺的工程应用情况进行分析总结，归纳整理出一套较完善的运行管理模式，且在水厂应对水质突发污染方面，通过实验验证，提出了一系列常见突发污染物的应急处理技术指引。

　　本书可用于加强职工净水生产运行管理及设备维护培训，提高员工素质和技术水平，结合生产全过程监控体系，建立标准化的运营机制，对确保安全、稳定、优质、低耗供水将起到积极的作用。对于全国各类供水企业的净水工艺管理工作具有重要的参考作用，尤其适用于珠三角地区大中型自来水厂净水工作人员的职业与岗位培训。

本书的编写得到广州市自来水公司领导的直接关怀和支持指导，是在公司总工室的统筹组织安排下，在全公司二十多位净水水质检验工艺技术专家与骨干人员的共同努力下完成的。教材在制定目录大纲和初稿征求意见时收集到各基层水厂反馈的宝贵意见，编写组在此表示最真挚的感谢。

　　由于编著者水平所限，书中还存在许多不足，恳请专家和读者批评指正，以便在下次修订时进行补充和完善。

《净水工艺》编写组

2014 年 3 月

目　录

第一章 基础知识

第一节 给水处理概论

天然水体中由于含有各种杂质，不能满足供水水质的要求，因此需要进行处理。给水处理的任务就是对原水进行加工，使水质符合生活或工业用水的各种要求。由于原水水质的差异以及要求达到的水质标准不同，因此采用的给水处理工艺手段也不尽相同。

针对生活饮用水的水质要求，应按照《生活饮用水卫生标准》（GB 5749—2006）执行。根据不同的原水水质特点，采用有效、可靠的水处理工艺，使成品水能达到无色、无臭、无味、无悬浮固体、无有害物质、不含致病微生物或细菌等的要求。

一、去除水中悬浮固体

悬浮固体包括天然水中原有的以及在使用过程中混入的，或者在处理过程中产生的泥沙、细菌、病毒、藻类以及原生动物包囊等，都是天然水中常见的悬浮固体。悬浮固体的含量基本上是由水的浊度和微生物参数反映出来的。饮用水所涉及的处理问题基本上也是去除悬浮固体的问题，所以浊度和大肠菌类是饮用水水质的两项重要的参数。

二、去除水中有害溶解物质

随着人类活动对自然环境的影响，饮用水的处理常会遇到原水受到如铁、锰、氟、砷等各类有害溶解物质污染的突发性水质事故，且事故出现越来越频繁。

三、去除水中溶解有机物

腐殖质是天然水中存在的主要有机物，是产生色度的主要原因。水中出现较大量的有机物主要是污染引起的。这些有机物的含量和去除效果由水的 BOD、TOC、UV 吸光度等参数数值的降低显示出来。

第二节 天然水源水质

一、地表水

地表水包括江河、湖泊及水库等，其水质特征也各有不同。

江河由大气降水径流和地下水补给形成，其水质因流域内的环境条件而异，其中受生物活动和人类社会活动的影响极大，其水质特征是含有较多的泥沙和悬浮物质，细菌含量亦相对较高，且受季节的变化明显。年间的水温变化也较大，含盐量一般较地下水低，沿海地区的河流受潮汐的影响，也会出现水中氯化物含量较高的情况。

此外，江河在其径流过程中受到工业废水和生活污水排放的影响，使水质成分更加复杂。未经处理的废（污）水直接排入水体，造成水体污染。主要的污染物包括有机污染（氨氮、COD、BOD）、重金属、砷、氰化物、挥发酚、石油类等。

广州市自来水公司下属水厂均以江河水为水源，其中，在用水源为西江思贤滘下陈村、东江北干流刘屋洲岛以及顺德西海的北江顺德水道。备用水源为珠江西航道、流溪河。

湖泊、水库由于水体的滞留时间长，因此泥沙和悬浮物质含量相对较少，季节的变化也不如江河明显，由于日光照射和水体流动差的特点，当水中氮、磷等营养物质较高时，藻类的生长繁殖成为湖泊、水库水的一个突出问题。

二、地下水

地下水是由地面降水经地层渗流而形成，其水质与所接触岩层密切相关。一般来说，地下水经岩层的过滤、吸附和微生物净化作用，悬浮杂质较少。但地下水经过岩层也会出现溶解盐类含量高，硬度和矿化度较大的现象，有时铁、锰指标可能超过相应的水质标准。由于受地面污染的影响少，因此地下水中的有机物和细菌含量相对较少。

三、天然水中的杂质

天然水中的杂质，包括溶解的以及混合在水中的各种无机物、有机物以及其他污染物质。图 1-1 表示天然水中可能出现的各种类型的成分、大致的尺寸及一些物理化学性质。

（一）无机物

天然水中所含无机物主要是溶解的离子、气体与悬浮的泥沙。溶解的离子分为阳离子和阴离子，其中包含了金属元素和非金属元素。实际上，天然水中的溶解离子中，还含有微量的其他元素。微量元素的质量浓度一般以 $\mu g/L$ 计。这些微量元素中，金属以阳离子的形式存在，如锂、铷、铯、铍、锶等，或存在于有关的酸根中；非金属元素则一般存在于有关的酸根中。另外，天然水中还存在放射性元素。

水中的泥沙使水呈现浑浊。水中泥沙的浓度称含沙量，以 kg/m^3 为单位表示。含沙量很高的水，一般称高浊度水。从高浊度水中去除大量的泥沙以及排除所去除的泥沙在技术上都是应该受重视的问题。

（二）有机物

天然水中常见的有机物为腐殖质，有时也含有多核芳香烃。腐殖质是土壤的有机组分。植物和动物残骸在土壤中分解的过程中，通过土壤中的微生物的降解或再合成的作用，会处于出现一组无定形的黑色物质阶段，这组物质统称为腐殖质。腐殖质虽然对化学或生物的侵蚀相对稳定，但最后仍然沿着碳循环和氮循环的途径降解为最简单的化合物。腐殖质是一类亲水的、酸性的多分散物质，它们的相对分子质量在几百或数万之间。腐殖质的详细组成仍然未清楚。目前是根据试验把它分成三个组分，如图 1-2 所示。

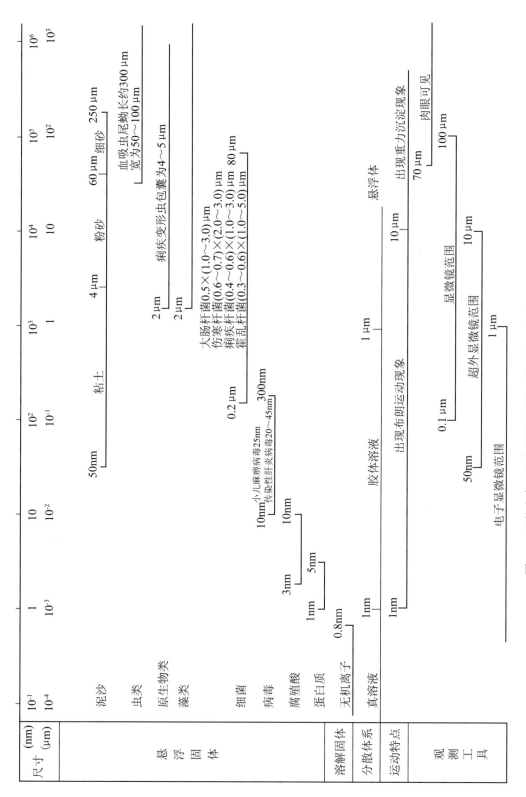

图1-1　天然水中可能出现的各种类型的成分、大致的尺寸及一些物理化学性质

3

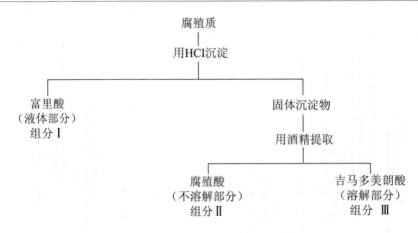

图 1-2 腐植质的分离

腐殖质所包含的大部分化合物，能与各种无机物，例如金属离子，从多方面起配合作用。由于这种特性，用某一种溶剂只能把腐殖质中的某一小部分化合物提取出来，但同时又会使这部分化合物的分子性质起了变化。在分离的过程中，同样也会引起分子性质的变化。换句话说，在目前所用的提取和分离方法的操作过程中，都不能避免改变腐殖质原来存在的分子形式这一事实。

腐殖质和富里酸的物理与化学特征见表 1-1。

表 1-1　腐殖质和富里酸的物理与化学特征

			腐殖酸	富里酸
元素质量分数 / %		C	50～60	40～50
		H	4～6	4～6
		O	30～35	44～50
		N	2～4	1～3
		S	1～2	0～2
在强酸（pH≤1）中的行为			不溶	溶
相对分子质量			数百～数百万	180～10000
官能团氧的质量分数 / %		羟基	14～45	58～65
		酚烃基	10～38	9～19
		乙醇基	13～15	11～16
		羰基	4～23	4～11
		甲氧基	1～5	1～2

（三）污染物质

随着人类的生命活动范围以及工业生产种类和规模的不断扩大，天然水中的污染物的数目和相应的污染物浓度也就不断地增加，其中数量最多的是合成有机物，据 1977 年报道，1970 年以前约有 100 种有机化合物在水中被检测出来，1975 年末，数目已超过 1500

种，其中 400～500 种在世界范围内的饮用水中发现过。另据 1981 年报道，根据世界范围内的调查结果，鉴别了 2221 种合成有机物，其中 765 种出现在饮用水中，765 种中有 20 种为公认的致癌沾污物，23 种为可疑的致癌沾污物，18 种为癌促进剂，56 种为诱变剂。

第三节　广东地区天然水源水质特点

一、珠江主航道

珠江，或叫珠江河，旧称粤江，是中国境内第三长河流，按年流量为中国第二大河流。全长 2400km。原指广州到入海口的一段河道，后来逐渐成为西江、北江、东江和珠江三角洲诸河的总称。其干流西江发源于云南省东北部沾益县的马雄山，干流流经云南、贵州、广西、广东四省（自治区）及香港、澳门特别行政区。在广东三水与北江汇合，从珠江三角洲地区的 8 个入海口流入南海。北江和东江水系几乎全部在广东境内。珠江流域在中国境内面积 44.21 万 km^2。珠江主航道上中段水质污染严重，从黄埔至虎门受潮水影响，水质转好，但珠江主航道上中段水质污染比较严重，前航道、后航道水质已达到劣 V 类水。

二、东江

东江上游始于江西省寻邬县的寻邬水，经龙川、河源、惠阳、博罗至东莞市的石龙镇分东江北干流与东江南支流，分别由大盛口和坭洲口等注入珠江广州河段的狮子洋，经虎门出海。东江北干流，自石龙至大盛，全长 38km，流域面积约 5469km^2。东江石龙以上集水面积 2.70 万 km^2，其控制站博罗水文站集水面积 2.53 万 km^2。

广州市自来水公司新×水厂、西×水厂是以东江为水源的主要水厂之一，取水点位于东江北干流刘屋洲，总规模为 130 万 m^3/d（折合流量 15.05m^3/s），在不考虑其他用水的条件下，东江干流能够满足该设计取水规模。但东江博罗站下游有东深工程，据初步统计，现状日取水量 692 万 m^3，东莞市在东江现状日取水量 336.8 万 m^3，折合流量共 119m^3/s，远大于 97% 东江博罗站枯水流量。东江水源供需矛盾日益尖锐，广州市区东部及增城西福河单元供水水源地在枯水年份存在与东莞、深圳、香港争水的矛盾，故东江在规划水平年对广州已无供水潜力。

东江北干流现状水质良好，常年基本处于《地表水环境质量标准》（GB 3838—2002）Ⅱ～Ⅲ类标准，符合饮用水水源水质标准。

三、北江

北江是珠江流域第二大水系，干流全长 468km；发源于江西省信丰县，流经广东省韶关、清远、三水等县市，至思贤滘与西江相通，进入珠江网河区；北江干流思贤滘断面以上流域面积为 4.67 万 km^2，占珠江流域总面积的 10.3%；多年平均径流量为 521.2 亿 m^3。其控制站石角站多年平均径流量 420 亿 m^3（统计年限 1954—2000 年），水量也相当丰富，汛期 4～9 月径流量占全年的 76.6%。

北江干流中下游有横石、石角、三水 3 个水文站。横石站流域面积 3.41 万 km²，石角站流域面积 3.84 万 km²，占北江流域面积的 82%，据 1960—1999 年北江干流三水站枯水径流分析，三水站最枯月多年平均流量为 203m³/s，97% 保证率平均流量为 56.0m³/s。

根据广州市水资源综合规划之水资源配置专题，1980 年北江水资源利用率为 9.3%，1993 年水资源利用率为 11.6%，目前的水资源利用率还在 20% 以下，北江水源还可以继续扩大开发利用。

目前北江下游正兴建清远水利枢纽，位于北江下游河段，坝址多年平均流量 1360m³/s，全年保证率 95% 的日平均流量为 237m³/s，对下游调蓄作用很大，这对今后北江下游供水提供了有力保证。

广州市自来水公司南×水厂水源取自北江顺德水道西海，北江目前水质基本良好，全年基本水质处于《地表水环境质量标准》（GB 3838—2002）Ⅱ～Ⅲ类标准，符合饮用水水源水质标准。

四、西江

西江是珠江流域的主干流，思贤滘以上干流全长 2075km，集水面积 35.31 万 km²，占珠江流域总面积的 77.8%，其控制站高要站多年平均流量 2212 亿 m³，97% 保证率年最枯连续 30 天平均流量达 1170m³/s，水量极其丰富，但径流年际、年内分配不均，汛期 4～9 月径流量占全年的 78.4%。

西江广东省部分面积约 14869km²，按本地水资源计算，多年平均为 121.04 亿 m³，1980 年、1993 年、现状年水资源利用率为 17.68%、22.59%、27.5%。但客水量相当大，多年平均有 2075 亿 m³，而水资源利用率在 2% 以下（不计上游用水）。从西江全流域看，现状水资源利用率估计在 10% 左右，尚有很大的开发利用空间。

目前西江上游已兴建天生桥、岩滩、大化、恶滩等一系列工程，正在兴建中的龙滩水电枢纽规模大，总库容 162 亿 m³，兴利库容 111.5 亿 m³，对下游调蓄作用大；未来，大藤峡枢纽建设的方向将以水资源配置、供水为出发点，这又是一个对西江下游供水的有力保证。

广州市自来水公司西×、石×、江×水厂水源取自西江思贤滘，西江干流水质良好，全年水质基本处于《地表水环境质量标准》（GB 3838—2002）Ⅰ～Ⅱ类标准，符合饮用水水源水质标准。

第四节 原水及生活饮用水水质标准

一、原水水质标准

由于广州市自来水公司属下水厂均以江河水为取水水源，因此本节仅对地表水标准进行介绍。参见《地表水环境质量标准》（GB 3838—2002），具体见表 1-2～表 1-7。

表1-2 地表水环境质量标准基本项目标准限值 （单位：mg/L）

序号		I类	II类	III类	IV类	V类
1	水温/℃	人为造成的环境水温变化应限制在：周平均最大温升≤1 周平均最大温降≤2				
2	pH值（无量纲）	6～9				
3	溶解氧 ≥	饱和率90%（或7.5）	6	5	3	2
4	高锰酸盐指数 ≤	2	4	6	10	15
5	化学需氧量（COD） ≤	15	15	20	30	40
6	五日生化需氧量（BOD_5） ≤	3	3	4	6	10
7	氨氮（NH_3-N） ≤	0.15	0.5	1.0	1.5	2.0
8	总磷（以P计） ≤	0.02（湖、库0.01）	0.1（湖、库0.025）	0.2（湖、库0.05）	0.3（湖、库0.1）	0.4（湖、库0.2）
9	总氮（湖、库，以N计） ≤	0.2	0.5	1.0	1.5	2.0
10	铜 ≤	0.01	1.0	1.0	1.0	1.0
11	锌 ≤	0.05	1.0	1.0	2.0	2.0
12	氟化物（以F^-计） ≤	1.0	1.0	1.0	1.5	1.5
13	硒 ≤	0.01	0.01	0.01	0.02	0.02
14	砷 ≤	0.05	0.05	0.05	0.1	0.1
15	汞 ≤	0.00005	0.00005	0.0001	0.001	0.001
16	镉 ≤	0.001	0.005	0.005	0.005	0.01
17	铬（六价） ≤	0.01	0.05	0.05	0.05	0.1
18	铅 ≤	0.01	0.01	0.05	0.05	0.1
19	氰化物 ≤	0.005	0.05	0.02	0.2	0.2
20	挥发酚 ≤	0.002	0.002	0.005	0.01	0.1
21	石油类 ≤	0.05	0.05	0.05	0.5	1.0
22	阴离子表面活性剂 ≤	0.2	0.2	0.2	0.3	0.3
23	硫化物 ≤	0.05	0.1	0.2	0.5	1.0
24	粪大肠菌群（个/L） ≤	200	2000	10000	20000	40000

表 1-3 集中式生活饮用水地表水源地补充项目标准限值

序 号	项 目	标准值/（mg/L）
1	硫酸盐（以 SO_4^{2-} 计）	250
2	氯化物（以 Cl^- 计）	250
3	硝酸盐（以 N 计）	10
4	铁	0.3
5	锰	0.1

表 1-4 集中式生活饮用水地表水源地特定项目标准限值

序号	项目	标准值/（mg/L）	序号	项目	标准值/（mg/L）
1	三氯甲烷	0.06	41	丙烯酰胺	0.0005
2	四氯化碳	0.002	42	丙烯腈	0.1
3	三溴甲烷	0.1	43	邻苯二甲酸二丁酯	0.003
4	二氯甲烷	0.02	44	邻苯二甲酸二（2-乙基己基）酯	0.008
5	1,2-二氯乙烷	0.03	45	水合肼	0.01
6	环氧氯丙烷	0.02	46	四乙基铅	0.0001
7	氯乙烯	0.005	47	吡啶	0.2
8	1,1-二氯乙烯	0.03	48	松节油	0.2
9	1,2-二氯乙烯	0.05	49	苦味酸	0.5
10	三氯乙烯	0.07	50	丁基黄原酸	0.005
11	四氯乙烯	0.04	51	活性氯	0.01
12	氯丁二烯	0.002	52	滴滴涕	0.001
13	六氯丁二烯	0.0006	53	林丹	0.002
14	苯乙烯	0.02	54	环氧七氯	0.0002
15	甲醛	0.9	55	对硫磷	0.003
16	乙醛	0.05	56	甲基对硫磷	0.002
17	丙烯醛	0.1	57	马拉硫磷	0.05
18	三氯乙醛	0.01	58	乐果	0.08
19	苯	0.01	59	敌敌畏	0.05
20	甲苯	0.7	60	敌百虫	0.05
21	乙苯	0.3	61	内吸磷	0.03
22	二甲苯①	0.5	62	百菌清	0.01
23	异丙苯	0.25	63	甲萘威	0.05
24	氯苯	0.3	64	溴氰菊酯	0.02

续表1-4

序号	项目	标准值/(mg/L)	序号	项目	标准值/(mg/L)
25	1,2-二氯苯	1.0	65	阿特拉津	0.003
26	1,4-二氯苯	0.3	66	苯并(a)芘	2.8×10^{-6}
27	三氯苯②	0.02	67	甲基汞	1.0×10^{-6}
28	四氯苯③	0.02	68	多氯联苯⑥	2.0×10^{-5}
29	六氯苯	0.05	69	微囊藻毒素—LR	0.001
30	硝基苯	0.017	70	黄磷	0.003
31	二硝基苯④	0.5	71	钼	0.07
32	2,4-二硝基甲苯	0.0003	72	钴	1.0
33	2,4,6-三硝基甲苯	0.5	73	铍	0.002
34	硝基氯苯⑤	0.05	74	硼	0.5
35	2,4-二硝基氯苯	0.5	75	锑	0.005
36	2,4-一氯苯酚	0.093	76	镍	0.02
37	2,4,6-三氯苯酚	0.2	77	钡	0.7
38	五氯酚	0.009	78	钒	0.05
39	苯胺	0.1	79	钛	0.1
40	联苯胺	0.0002	80	铊	0.0001

注：①二甲苯包含：对-二甲苯、间-二甲苯、邻-二甲苯。

②三氯苯包含：1,2,3-三氯苯、1,2,4-三氯苯、1,3,5-三氯苯。

③四氯苯包含：1,2,3,4-四氯苯、1,2,3,5-四氯苯、1,2,4,5-四氯苯。

④二硝基苯包含：对-二硝基苯、间-二硝基苯、邻-二硝基苯。

⑤硝基氯苯包含：对-硝基氯苯、间-硝基氯苯、邻-硝基氯苯。

⑥多氯联苯包含：PCB-1016、PCB-1221、PCB-1232、PCB-1242、PCB-1248、PCB-1254、PCB-1260。

表1-5 地表水环境质量标准基本项目分析方法

序号	基本项目	分析方法	最低检出限/(mg/L)	方法来源
1	水温	温度计法		GB 13195—1991
2	pH	玻璃电极法		GB 6920—1986
3	溶解氧	碘量法	0.2	GB 7489—1987
		电化学探头法		GB 11913—1989
4	高锰酸盐指数		0.5	GB 11892—1989
5	化学需氧量	重铬酸盐法	5	CB 11914—1989
6	五日生化需氧量	稀释与接种法	2	GB 7488—1987
7	氨氮	纳氏试剂比色法	0.05	GB 7479—1987
		水杨酸分光光度法	0.01	GB 7481—1987

序号	基本项目	分析方法	最低检出限 /（mg/L)	方法来源
8	总磷	钼酸铵分光光度法	0.01	GB 11893—1989
9	总氮	碱性过硫酸钾消解紫外分光光度法	0.05	GB 11894—1989
10	铜	2,9-二甲基 -1,10- 菲啰啉分光光度法	0.06	GB 7473—1987
		二乙基二硫代氨基甲酸钠分光光度法	0.010	GB 7474—1987
		原子吸收分光光度法（整合萃取法）	0.001	GB 7475—1987
11	锌	原子吸收分光光度法	0.05	GB 7475—1987
12	氟化物	氟试剂分光光度法	0.05	GB 7483—1987
		离子选择电极法	0.05	GB 7484—1987
		离子色谱法	0.02	HJ/T 84—2001
13	硒	2,3-二氨基萘荧光法	0.00025	GB 11902—1989
		石墨炉原子吸收分光光度法	0.003	GB/T 15505—1995
14	砷	二乙基二硫代氨基甲酸银分光光度法	0.007	GB 7485—1987
		冷原子荧光法	0.00006	注*
15	汞	冷原子吸收分光光度法	0.00005	GB 7468—1987
		冷原子荧光法	0.00005	注*
16	镉	原子吸收分光光度法 （螯合萃取法）	0.001	GB 7475—1987
17	铬（六价）	二苯碳酰二肼分光光度法	0.004	GB 7467—1987
18	铅	原子吸收分光光度法整合萃取法	0.01	GB 7475—1987
19	总氰化物	异烟酸 - 吡唑啉酮比色法	0.004	GB 7487—1987
		吡啶 - 巴比妥酸比色法	0.002	
20	挥发酚	蒸馏后 4 - 氨基安替比林分光光度法	0.002	GB 7490—1987
21	石油类	红外分光光度法	0.01	GB/T 16488—1996
22	阴离子表面活性剂	亚甲蓝分光光度法	0.05	GB 7494—1987
23	硫化物	亚甲基蓝分光光度法	0.005	GB/T 16489 - 1996
		直接显色分光光度法	0.004	GB/T 17133 - 1997
24	粪大肠菌群	多管发酵法、滤膜法		注*

*注:《水和废水监测分析方法（第三版)》，中国环境科学出版社，1989 年。暂采用上述分析方法，待国家方法标准发布后，执行国家标准。

表 1-6　集中式生活饮用水地表水源地补充项目分析方法

序号	项　目	分析方法	最低检出限/（mg/L）	方法来源
1	硫酸盐	重量法	10	GB 11899—1989
		火焰原子吸收分光光度法	0.4	GB 13196—1991
		铬酸钡光度法	8	注 *
		离子色谱法	0.09	HJ/T 84-2001
2	氯化物	硝酸银滴定法	10	GB 11896—1989
		硝酸汞滴定法	2.5	注 *
		离子色谱法	0.02	HJ/T 84-2001
3	硝酸盐	酚二磺酸分光光度	0.02	GB 7480—1987
		紫外分光光度法	0.08	注 *
		离子色谱法	0.08	HJ/T 84-2001
4	铁	火焰原子吸收分光光度法	0.03	GB 11911—1989
		邻菲啰啉分光光度法	0.03	注 *
5	锰	火焰原子吸收分光光度法	0.01	GB 11911—1989
		甲醛肟光度法	0.01	注 *
		高碘酸钾分光光度法	0.02	GB 11906—1989

＊注：《水和废水监测分析方法（第三版）》，中国环境科学出版社，1989 年。暂采用上述分析方法，待国家方法标准发布后，执行国家标准。

表 1-7　集中式生活饮用水地表水源地特定项目分析方法

序号	项　目	分析方法	最低检出限/（mg/L）	方法来源
1	三氯甲烷	顶空气相色谱法	0.0003	GB/T 17130—1997
		气相色谱法	0.0006	注（2）
2	四氯化碳	顶空气相色谱法	0.00005	GB/T 17130—1997
		气相色谱法	0.0003	注（2）
3	三溴甲烷	顶空气相色谱法	0.001	GB/T 17130—1997
		气相色谱法	0.006	注（2）
4	二氯甲烷	顶空气相色谱法	0.0087	注（2）
5	1,2-二氯乙烷	顶空气相色谱法	0.0125	注（2）
6	环氧氯内烷	气相色谱法	0.02	注（2）
7	氯乙烯	气相色谱法	0.001	注（2）
8	1,1-二氯乙烯	吹出捕集气相色谱法	0.000018	注（2）
9	1,2-二氯乙烯	吹出捕集气相色谱法	0.000012	注（2）

序号	项目	分析方法	最低检出限 /（mg/L）	方法来源
10	三氯乙烯	顶空气相色谱法	0.0005	GB/T 17130—1997
		气相色谱法	0.003	注（2）
11	四氯乙烯	顶空气相色谱法	0.0002	GB/T 17130—1997
		气相色谱法	0.0012	注（2）
12	氯丁二烯	顶空气相色谱法	0.002	注（2）
13	六氯丁二烯	气相色谱法	0.00002	注（2）
14	苯乙烯	气相色谱法	0.01	注（2）
15	甲醛	乙酰丙酮分光光度法	0.05	GB 13197—1991
		4-氨基-3-联氨-5-疏基-1,2,4-三氮杂茂（AHMT）分光光度法	0.05	注（2）
16	乙醛	气相色谱法	0.24	注（2）
17	丙烯醛	气相色谱法	0.019	注（2）
18	三氯乙醛	气相色谱法	0.001	注（2）
19	苯	液上气相色谱法	0.005	GB 11890—1989
		顶空气相色谱法	0.00042	注（2）
20	甲苯	液上气相色谱法	0.005	GB 11890—1989
		二硫化碳萃取气相色谱法	0.05	
		气相色谱法	0.01	注（2）
21	乙苯	液上气相色谱法	0.005	GB 11890—1989
		二硫化碳萃取气相色谱法	0.05	
		气相色谱法	0.01	注（2）
22	二甲苯	液上气相色谱法	0.005	GB 11890—1989
		二硫化碳萃取气相色谱法	0.05	
		气相色谱法	0.01	注（2）
23	异丙苯	顶空气相色谱法	0.0032	注（2）
24	氯苯	气相色谱法	0.01	HJ/T 74—2001
25	1,2-二氯苯	气相色谱法	0.002	GB/T 17131—1997
26	1,4-二氯苯	气相色谱法	0.005	GB/T 17131—1997
27	三氯苯	气相色谱法	0.00004	注（2）
28	四氯苯	气相色谱法	0.00002	注（2）
29	六氯苯	气相色谱法	0.00002	注（2）

序号	项 目	分析方法	最低检出限/（mg/L）	方法来源
30	硝基苯	气相色谱法	0.0002	GB 13194—1991
31	二硝基苯	气相色谱法	0.2	注（2）
32	2,4 – 二硝基甲苯	气相色谱法	0.0003	GB 13194—1991
33	2,4,6 – 三硝基甲苯	气相色谱法	0.1	注（2）
34	硝基氯苯	气相色谱法	0.0002	GB 13194—1991
35	2,4 – 二硝基氯苯	气相色谱法	0.1	注（2）
36	2,4 – 二氯苯酚	电子捕获——毛细色谱法	0.0004	注（2）
37	2,4,6 – 三氯苯酚	电子捕获——毛细色谱法	0.00004	注（2）
38	五氯酚	气相色谱法	0.00004	GB 8972—1988
38	五氯酚	电子捕获——毛细色谱法	0.000024	注（2）
39	苯胺	气相色谱法	0.002	注（2）
40	联苯胺	气相色谱法	0.0002	注（3）
41	丙烯酰胺	气相色谱法	0.00015	注（2）
42	丙烯腈	气相色谱法	0.10	注（2）
43	邻苯二甲酸二丁酯	液相色谱法	0.0001	HJ/T 72—2001
44	邻苯二甲酸二（2 – 乙基己基）酯	气相色谱法	0.0004	注（2）
45	水合肼	对二甲氨基苯甲醛直接分光光度法	0.005	注（2）
46	四乙基铅	双硫腙比色法	0.0001	注（2）
47	吡啶	气相色谱法	0.031	GB/T 14672—1993
47	吡啶	巴比土酸分光光度法	0.05	注（2）
48	松节油	气相色谱法	0.02	注（2）
49	苦味酸	气相色谱法	0.001	注（2）
50	丁基黄原酸	铜试剂亚铜分光光度法	0.002	注（2）
51	活性氯	N,N – 二乙基对苯二胺（DPD）分光光度法	0.01	注（2）
51	活性氯	3,3′,5,5′, – 四甲基联苯胺比色法	0.005	注（2）
52	滴滴涕	气相色谱法	0.0002	GB 7492—1987
53	林丹	气相色谱法	4×10^{-6}	GB 7492—1987

序号	项目	分析方法	最低检出限/（mg/L）	方法来源
54	环氧七氯	液液萃取气相色谱法	0.000083	注（2）
55	对硫磷	气相色谱法	0.00054	GB 13192—1991
56	甲基对硫磷	气相色谱法	0.00042	GB 13192—1991
57	马拉硫磷	气相色谱法	0.00064	GB 13192—1991
58	乐果	气相色谱法	0.00057	GB 13192—1991
59	敌敌畏	气相色谱法	0.00006	GB 13192—1991
60	敌百虫	气相色谱法	0.000051	GB 13192—1991
61	内吸磷	气相色谱法	0.0025	注（2）
62	百菌清	气相色谱法	0.0004	注（2）
63	甲萘威	高效液相色谱法	0.01	注（2）
64	溴氰菊酯	气相色谱法	0.0002	注（2）
		高效液相色谱法	0.002	注（2）
65	阿特拉律	气相色谱法		注（3）
66	苯并（a）芘	乙酰化滤纸层析荧光分光光度法	4×10^{-6}	GB 11895—1989
		高效液相色谱法	1×10^{-6}	GB 13198—1991
67	甲基汞	气相色谱法	1×10^{-8}	GB/T 17132—1997
68	多氯联苯	气相色谱法		注（3）
69	微囊藻毒素—LR	高效液相色谱法	0.00001	注（2）
70	黄磷	钼－锑——抗分光光度法	0.0025	注（2）
71	钼	无火焰原子吸收分光光度法	0.00231	注（2）
72	钴	无火焰原子吸收分头光度法	0.00191	注（2）
73	铍	铬菁 R 分光光度法	0.0002	HJ/T 58—2000
		石墨炉原子吸收分光光度法	0.00002	HJ/T 59—2000
		桑色素荧光分光光度法	0.0002	注（2）
74	硼	姜黄素分光光度法	0.02	HJ/T 49—1999
		甲亚胺－H 分光光度法	0.2	注（2）
75	锑	氢化原子吸收分光光度法	0.00025	注（2）
76	镍	无火焰原子吸收分光光度法	0.00248	注（2）
77	钡	无火焰原子吸收分光光度法	0.00618	注（2）
78	钒	钽试剂（BPHA）萃取分光光度法	0.018	GB/T 15503—1995
		无火焰原子吸收分光光度法	0.00698	注（2）

序号	项目	分析方法	最低检出限/（mg/L）	方法来源
79	钛	催化示波极谱法	0.0004	注（2）
		水杨基荧光酮分光光度法	0.02	注（2）
80	铊	无火焰原子吸收分光光度法	4×10^{-6}	注（2）

注：暂采用下列分析方法，待国家方法标准发布后，执行国家标准。

（1）《水和废水监测分析方法（第三版）》，中国环境科学出版社，1989年。

（2）《生活饮用水卫生规范》，中华人民共和国卫生部，2001年。

（3）《水和废水标准检验法（第15版)》，中国建筑工业出版社，1985年。

二、生活饮用水水质标准

生活饮用水水质指标应完全符合《生活饮用水卫生标准》（GB 5749—2006）。

《生活饮用水卫生标准》（GB 5749—2006）中含水质常规指标42项，水质非常规指标64项，同时还含有水质参考指标28项，具体见表1-8～表1-11。

表1-8 水质常规指标及限值

指　　　　标	限　　　值
1. 微生物指标①	
总大肠菌群/（MPN/100mL 或 CFU/100mL）	不得检出
耐热大肠菌群/（MPN/100mL 或 CFU/100mL）	不得检出
大肠埃希氏菌/（MPN/100mL 或 CFU/100mL）	不得检出
菌落总数/（CFU/mL）	100
2. 毒理指标	
砷/（mg/L）	0.01
镉/（mg/L）	0.005
铬/（六价，mg/L）	0.05
铅/（mg/L）	0.01
汞/（mg/L）	0.001
硒/（mg/L）	0.01
氰化物/（mg/L）	0.05
氟化物/（mg/L）	1.0
硝酸盐（以 N 计）/（mg/L）	10 地下水源限制时为20
三氯甲烷/（mg/L）	0.06
四氯化碳/（mg/L）	0.002

指　　标	限　　值
溴酸盐（使用臭氧时）/（mg/L）	0.01
甲醛（使用臭氧时）/（mg/L）	0.9
亚氯酸盐（使用二氧化氯消毒时）/（mg/L）	0.7
氯酸盐（使用复合二氧化氯消毒时）/（mg/L）	0.7
3. 感官性状和一般化学指标	
色度（铂钴色度单位）	15
浑浊度（散射浑浊度单位）NTU	1 水源与净水技术条件限制时为 3
臭和味	无异臭、异味
肉眼可见物	无
pH/（pH 单位）	不小于 6.5 且不大于 8.5
铝/（mg/L）	0.2
铁/（mg/L）	0.3
锰/（mg/L）	0.1
铜/（mg/L）	1.0
锌/（mg/L）	1.0
氯化物/（mg/L）	250
硫酸盐/（mg/L）	250
溶解性总固体/（mg/L）	1000
总硬度（以 $CaCO_3$ 计）/（mg/L）	450
耗氧量（COD_{Mn}法，以 O_2 计）/（mg/L）	3 水源限制，原水耗氧量 >6mg/L 时为 5
挥发酚类（以苯酚计）/（mg/L）	0.002
阴离子合成洗涤剂/（mg/L）	0.3
4. 放射性指标[②]	指导值
总 α 放射性/（Bq/L）	0.5
总 β 放射性/（Bq/L）	1

①MPN 表示最可能数；CFU 表示菌落形成单位。当水样检出总大肠菌群时，应进一步检验大肠埃希氏菌或耐热大肠菌群；水样未检出总大肠菌群，不必检验大肠埃希氏菌或耐热大肠菌群。

②放射性指标超过指导值，应进行核素分析和评价，判定能否饮用。

表 1-9　饮用水中消毒剂常规指标及要求

消毒剂名称	与水接触时间/min	出厂水中限值/（mg/L）	出厂水中余量/（mg/L）	管网末梢水中余量/（mg/L）
氯气及游离氯制剂（游离氯）	≥30	4	≥0.3	≥0.05
一氯胺（总氯）	≥120	3	≥0.5	≥0.05
臭氧（O_3）	≥12	0.3	—	0.02 如加氯，总氯≥0.05
二氧化氯（ClO_2）	≥30	0.8	≥0.1	≥0.02

表 1-10　水质非常规指标及限值

指　标	限　值
1. 微生物指标	
贾第鞭毛虫（个/10L）	<1
隐孢子虫（个/10L）	<1
2. 毒理指标	
锑/（mg/L）	0.005
钡/（mg/L）	0.7
铍/（mg/L）	0.002
硼/（mg/L）	0.5
钼/（mg/L）	0.07
镍/（mg/L）	0.02
银/（mg/L）	0.05
铊/（mg/L）	0.0001
氯化氰（以 CN^- 计）/（mg/L）	0.07
一氯二溴甲烷/（mg/L）	0.1
二氯一溴甲烷/（mg/L）	0.06
二氯乙酸/（mg/L）	0.05
1,2-二氯乙烷/（mg/L）	0.03
二氯甲烷/（mg/L）	0.02
三卤甲烷（三氯甲烷、一氯二溴甲烷、二氯一溴甲烷、三溴甲烷的总和）	该类化合物中各种化合物的实测浓度与其各自限值的比值之和不超过1
1,1,1-三氯乙烷/（mg/L）	2
三氯乙酸/（mg/L）	0.1

指　标	限　值
三氯乙醛／（mg/L）	0.01
2,4,6－三氯酚／（mg/L）	0.2
三溴甲烷／（mg/L）	0.1
七氯／（mg/L）	0.0004
马拉硫磷／（mg/L）	0.25
五氯酚／（mg/L）	0.009
六六六（总量）／（mg/L）	0.005
六氯苯／（mg/L）	0.001
乐果／（mg/L）	0.08
对硫磷／（mg/L）	0.003
灭草松／（mg/L）	0.3
甲基对硫磷／（mg/L）	0.02
百菌清／（mg/L）	0.01
呋喃丹／（mg/L）	0.007
林丹／（mg/L）	0.002
毒死蜱（mg/L）	0.03
草甘膦／（mg/L）	0.7
敌敌畏／（mg/L）	0.001
莠去津／（mg/L）	0.002
溴氰菊酯／（mg/L）	0.02
2,4－滴／（mg/L）	0.03
滴滴涕／（mg/L）	0.001
乙苯／（mg/L）	0.3
二甲苯／（mg/L）	0.5
1,1－二氯乙烯／（mg/L）	0.03
1,2－二氯乙烯／（mg/L）	0.05
1,2－二氯苯／（mg/L）	1
1,4－二氯苯／（mg/L）	0.3
三氯乙烯／（mg/L）	0.07
三氯苯（总量）／（mg/L）	0.02
六氯丁二烯／（mg/L）	0.0006
丙烯酰胺／（mg/L）	0.0005
四氯乙烯／（mg/L）	0.04
甲苯／（mg/L）	0.7
邻苯二甲酸二（2－乙基己基）酯／（mg/L）	0.008

指　　标	限　　值
环氧氯丙烷/（mg/L）	0.0004
苯/（mg/L）	0.01
苯乙烯/（mg/L）	0.02
苯并（a）芘/（mg/L）	0.00001
氯乙烯/（mg/L）	0.005
氯苯/（mg/L）	0.3
微囊藻毒素 - LR/（mg/L）	0.001
3. 感官性状和一般化学指标	
氨氮（以 N 计）/（mg/L）	0.5
硫化物/（mg/L）	0.02
钠/（mg/L）	200

表 1 - 11　农村小型集中式供水和分散式供水部分水质指标及限值

指　　标	限　　值
1. 微生物指标	
菌落总数/（CFU/mL）	500
2. 毒理指标	
砷/（mg/L）	0.05
氟化物/（mg/L）	1.2
硝酸盐（以 N 计）/（mg/L）	20
3. 感官性状和一般化学指标	
色度（铂钴色度单位）	20
浑浊度（散射浑浊度单位）NTU	3 水源与净水技术条件限制时为 5
pH	≥6.5 且≤9.5
溶解性总固体/（mg/L）	1500
总硬度（以 $CaCO_3$ 计）/（mg/L）	550
耗氧量（COD_{Mn}法，以 O_2 计）/（mg/L）	5
铁/（mg/L）	0.5
锰/（mg/L）	0.3
氯化物/（mg/L）	300
硫酸盐/（mg/L）	300

三、水质指标说明

（一）水质常规指标

1. 感官性状和一般化学指标

（1）色度

水的外观颜色是由水中带色物质及悬浮颗粒形成的。水处理可去除带色物质及悬浮颗粒，而使水色明显变浅。自然水体中水色主要是由有机物特别是腐殖酸和富里酸形成的，它们来源于土壤、泥炭和腐败植物。此外，地面水和地下水中的无机物（铁、锰），饮水管网中铁和铜的溶解、微生物生长（如铁细菌可使二价铁氧化成三价铁而使水变红）以及造纸、纺织、染料等废水的污染，均可能影响水的颜色。

水的色度通常用色度单位，或称 Hazen 单位，或 mg/L 铂－钴标准表示。浑浊的水样应由离心机使之清澈再测定色度。地面水呈绿色往往是由于腐殖酸等引起，有些水的黄棕色则由于铁和锰的存在而产生的，工业废水污染可使地面水中出现多种多样颜色。

当一杯水色度大于 15 度时，多数人能察觉。大于 30 度时所有人都能察觉并感到厌恶。色度较大的地表水或地下水，经净化处理后可降至 15 度以下。

（2）浑浊度

浑浊度是由水中的颗粒物，诸如黏土、淤泥、胶体颗粒、浮游生物和其他微生物等形成的。浑浊度的大小反映水散射和吸收光的能力，与颗粒物大小、数量、形状以及颗粒物折射率和入射光波有关。

与浑浊度有关的颗粒物直径在 1nm～1mm 之间，可分为 3 类：直径小于 2μm 的黏土颗粒、动植物碎片降解产生的有机颗粒和纤维颗粒（如石棉等矿物质）。

尽管浑浊度的测定在定量方面不够精密，但它是一种简单实用的水质情况指标。虽然浑浊度是由于悬浮液中的物质所引起，但在检验时难以把悬浮性固体和浑浊度定量的测定相关，如颗粒物形状、粒度和折光率都会影响其光线分散特性。因此，浑浊度测定可根据使用仪器的类型而变化。如：散射浑浊度计在一特定方向测量分散光线的强度，对测量低浑浊度是高度灵敏的；另一类仪器测量光线通过水样时颗粒物吸收光线的量。测量浑浊度的主要标准是以硫酸肼和六甲基四胺反应生成的一种白色高分子化合物"福尔马肼"，如用它校准散射浊度计，将提供散射浊度单位（NTU），它表示水样的浑浊度。

所有天然水体均有一定的浑浊度，地表水比地下水要高些。据报道，原水的浑浊度可从小于 1NTU 至 1000NTU。由于简单过滤或混凝、沉淀、过滤对于降低浑浊度是非常有效的，饮用水中的浑浊度通常小于 1NTU。如水处理不充分，输水过程中沉积物重新悬浮以及在某些地下水中无机颗粒物的存在，均会使水的浑浊度增高。

浑浊度与其他一些水质指标有关，如与水的外观、色、嗅和味均有关系。据报道 50% 的水色是由腐殖质胶质颗粒引起。浑浊的水能促进微生物的生长（因为营养成分吸附于颗粒物表面促进微生物的生长），干扰水中细菌和病毒的检测，并能影响消毒效果，增加氯和氧的用量。据报道，在浑浊度 4～84NTU、游离性余氯质量浓度 0.1～0.5mg/L 时，接触时间为 30min，大肠杆菌仍能被检出。高浑浊水能使水中微生物得不到有效的消毒，并能促进管网中细菌的生长；此外，水中悬浮颗粒物能吸附有害的有机物和无机物。因而，高浑浊度的水可能对人体健康产生危害。

浑浊度在 10NTU 时，人们普遍反映混浊。低于 5NTU 的水能被人们接受。据调查，我国集中式供水处理后的出厂水均不超过 5NTU，多数可达 1NTU 以下。水的浑浊度高，会影响消毒效果，增加消毒剂用量。经净化处理的水，浑浊度的降低意味着水中某些有害物质、细菌和病毒的减少。为提高饮用水的消毒效果，确保微生物安全性，集中式供水应力求供给浑浊度尽可能低的水。

（3）臭和味

饮用水中的异臭、异味是由原水、水处理或输水过程中微生物污染和化学污染引起的。水的异臭、异味表明水中可能含有某些污染物或水处理、水的输送不当。在未明确原因以前，不宜饮用。

水的异味主要来源于无机物。钠、镁、钙的氯化物质量浓度分别为 465mg/L、47mg/L 和 350mg/L 时，50% 受试者感到有讨厌的味道。蒸馏水中含铁 0.05mg/L 或含铜 2.5mg/L 或含锰 3.5mg/L 或含锌 5mg/L，均能使人察觉有味。水中有机物的臭和味的阈值范围可以从每升几纳克到几毫克，水中微生物、藻类等繁殖也会产生臭和味。

水处理过程中的储存、混凝、过滤、消毒均会使饮用水产生异臭和异味。如原水中有机物降解产生难闻的苯酚、醛、烷基苯，水处理装置中微生物的繁殖，水处理过程中添加的混凝剂、氧化剂、消毒剂等均会使水带有异臭、异味。氯化消毒水中游离氯的味阈值为 75μg/L（pH 值为 5）和 450μg/L（pH 值为 9）；次氯酸、次氯酸根、一氯胺和二氯胺的嗅阈值为 0.15～0.65mg/L；氯化副产物酚、4－氯酚、2,4－二氯酚的阈值分别为 1000～5000μg/L、0.5～1200μg/L、2～210μg/L。

评价水的臭和味可由评估组通过感官分析做出。评估组成员包括专业人员和未经培训的消费者组成。感官分析往往比仪器更灵敏，通过感官分析水样的臭和味，可为水中污染物的鉴别提供信息。

人们对于水中的臭和味的耐受范围是较宽的，但饮用水中应无令人不快的或令人厌恶的臭和味，即绝大多数人饮用时不应感到有异臭或异味。

（4）肉眼可见物

肉眼可见物主要指水中存在的、能以肉眼观察到的颗粒或其他悬浮物质。主要来源于土壤冲刷、生活及工业垃圾污染。含铁高的地下水暴露于空气中，水中的二价铁易氧化形成沉淀。水处理不当也会造成水中絮凝物的残留。有机物污染严重的水体中藻类的大量繁殖，可造成水中大量有色悬浮物的产生。因此，把肉眼可见物作为一项水质指标是十分有意义的。

水中含有肉眼可见物会影响饮用水的外观，表明水中可能存在有害物质或生物的过多繁殖。为保证健康及饮用水的可接受性，我国《生活饮用水卫生标准》中规定饮用水不应含有沉淀物、肉眼可见的水生生物及令人厌恶的物质，即不得含有肉眼可见物。

（5）pH 值

pH 值是氢离子浓度倒数的对数。由于许多水处理过程与 pH 值有关，因此，pH 值是最重要水化学检测指标之一。尤其是澄清和消毒工艺需要控制 pH 值，使之达到最佳化，另外，配水系统也必须控制 pH 值，使腐蚀性降至最小程度。

pH 值反映了溶液中各种溶解性化合物达到的酸碱平衡状态，主要是二氧化碳、碳酸氢盐、碳酸盐的平衡。温度对该平衡的影响较大，在纯水中温度提高 25℃，pH 值下降约 0.45。

在水处理过程中，氢离子浓度会有变化（氯化作用降低 pH 值，软化水质提高 pH 值）。输水过程中，水 pH 值与水中其他物质（气体、胶质、带电或不带电物质等）联合作用侵蚀管网内壁，而碳酸钙沉积在管网中可阻止水中氧气直接接触管壁而防止侵蚀发生，因而通过改变 pH 调节碳酸盐/碳酸氢盐平衡可防止管网腐蚀。

微生物对于 pH 值的适应生长范围是比较广的，管网内壁微生物生长形成黏质，同样也有防止氧气接触管壁的作用。但微生物的大量繁殖产生的二氧化碳会造成局部 pH 值降低，引起局部腐蚀性增强。pH 值为 5.5 ~ 8.2 时最适合铁细菌的生长，铁细菌的大量繁殖会形成"红水"。

pH 值也会影响其他水质指标。pH 值低于 7 时，被硫污染的水因生成硫化氢而散发臭鸡蛋味，氯化作用因趋向三氯化氮的生成而产生令人厌恶的刺激性味道。pH 值提高，水会产生苦味，色度会增加。pH 值还影响水的混凝、沉淀、过滤，从而影响水中的杂质含量。

人体健康与 pH 值的直接关系是不明确的，但 pH 值可通过影响其他水质指标及水处理效果而影响健康。pH 值在 6.5 ~ 9.5 范围内并不影响饮用及健康，但 pH 值过低会腐蚀水管，过高会使溶解盐析出、降低氯化消毒作用。

（6）铝

铝广泛存在于自然界中，是土壤、动植物的组成成分。岩石侵蚀、土壤渗漏、灰尘沉降、降雨、工业废水是铝进入水体的主要途径。不同水体含铝量不同，酸性水含铝量较高，铝加工厂附近水体含铝量可能超过 10mg/L。

在水处理过程中，常用铝盐作为混凝剂去除水中矿物质及有机物，混凝后的铝盐呈不溶性而沉淀或被滤去。此过程不可避免地有铝残留于水中。若处理过的水含铝量超过 0.3mg/L，表明水的混凝、沉淀、过滤效果不佳。有调查显示处理后的水含铝量介于 0.01 ~ 2mg/L 之间。

在输水过程中，一部分铝可能沉积在管网中（尤其水流缓慢时），也可与水中铁、锰、二氧化硅、有机物和微生物等结合形成沉淀，使水中铝降低。如果水流突然变化，沉淀会再次进入水中，使水不能饮用。水中存在铝时，铁在很低的浓度下就能使水变色。

成人每天从食物中的摄铝量约为 5mg，如果饮水中铝的质量浓度为 0.1mg/L，则从饮水中的摄铝量约为 0.2mg，约占总摄入量的 4%。铝并非是人体的基本成分，且食物与水中的铝盐不易被吸收。

动物实验表明，以含铝 5mg/L 的水供大鼠终生饮用，未发现对体重、寿命、心脏平均重量和血液生化等方面的影响。有报道指铝与人的老年性痴呆有关。

（7）铁

铁是地壳层中第二丰富的金属，质量分数约为 5%，其熔点为 1535℃，相对密度为 7.86（25℃）。自然界中元素铁是罕见的，二价或三价铁离子易与氧和硫的化合物结合而形成氧化物、氢氧化物、碳酸盐和亚硫酸盐。

铁的用途非常广泛，在构建饮水管、涂料和塑料中，常用氧化铁作着色剂，各种铁盐在水处理中用作混凝剂。

空气中铁质量浓度为 50 ~ 90ng/m³（偏远地区）和 1.3μg/m³（城市）。不同水体含铁量不同，河水中铁的中值浓度为0.7mg/L，缺氧的地下水为0.5～10mg/L，饮用水一般低于0.3mg/L。动植物中也含丰富的铁，肝、肾、鱼和绿叶蔬菜含铁量为20～150mg/kg，肉和蛋壳含铁量为10～20mg/kg。

水中二价铁是不稳定的，易氧化成不溶性的氢氧化铁（三价）。在缺氧的地下水中有时含二价铁每升可达数毫克，而直接从井中抽取的水没有颜色。当水中含铁量小于0.3mg/L时，难以察觉其味道，达1mg/L时便有明显的金属味，超过0.3mg/L会使衣服和器皿着色，在0.5mg/L时色度可大于30度。铁能促进管网中铁细菌的生长，在管网内壁形成黏性膜。

（8）锰

锰是地壳中较为丰富的元素之一，常和铁结合在一起。由于锰较难氧化，地面水和地下水中锰的质量浓度可以达到每升几毫克。

当锰的质量浓度超过0.1mg/L，会使饮用水发出令人不快的味道，并使器皿和洗涤的衣服着色。如果溶液中两价锰的化合物被氧化，会形成沉淀，造成结垢。当锰的质量浓度超过0.02mg/L，就会在水管内壁形成一层被覆物，并随水流流出，造成黑色沉淀。

（9）铜

铜是一种重要的导热导电介质，常被制成水管、屋顶、家庭用具、化工设备、艺术品和合金（特别是黄铜和青铜）。铜的氧化物、氯化物、硫酸盐、溴化物和碳酸盐被广泛用作抑菌剂、无机染色剂、食品添加剂、杀真菌剂和灭藻剂，也可用于摄影和电镀。

人类摄入铜的主要途径是膳食和饮水。水通过铜管时会受硬度、pH、阴离子浓度、含氧量、温度和管道系统技术条件的影响，而含有几微克每升的铜。在关闭水龙头12h后，可检出水中含铜量最高可达到22mg/L。

铜是人体必需元素之一。但摄入过多的铜盐，会引起呕吐、腹泻、恶心和一些急性症状。溶解在水中的铜会呈现出一定的颜色，并具有令人讨厌的涩味。当水中铜的含量超过1mg/L时，洗涤的衣服和器皿会出现污点。一般铜的味觉阈要高过5mg/L，而在蒸馏水中2.6mg/L即可分辨。含铜量超过1.0mg/L可使衣服和白瓷器染色。

（10）锌

自然环境下，土壤中的含锌量为1～300mg/kg。锌在水中有一股令人讨厌的涩味。实验表明含锌量在3～5mg/L时，水会呈现出乳白色，并在煮沸时出现一层油脂状的薄膜。

锌和黄铜所做成的合金可以防锈，也可用于做镀锌钢和镀锌铁。锌的氧化物是锌化合物中应用最广泛的，如作为橡胶制品的白色料。有时候，通过口服锌可治疗人类的缺锌症。而氨基甲酸锌常被用作杀虫剂。

天然地面水中锌的质量浓度通常低于10μg/L，而地下水中则在10～40μg/L之间。相对于总摄入量，从饮水中摄取的量几乎可以忽略不计，除非由于管道和配件腐蚀而造成饮用水中锌的浓度过高。在确定的环境下，每天10%的总摄入量可以由管网末梢水提供。

锌是所有生物体必需的一种元素。有将近200种含锌酶，包括许多脱氢酶、醛缩酶、肽酶、聚合酶和磷酸酯酶。

饮用水含锌量高于3.0mg/L，会呈现乳白色，并在煮沸时出现油脂状的薄膜，这会影响到饮用水感观性状。

（11） 氯化物

氯化物在自然界中分布广泛，其中海水中存在的数量最多，岩石层中含量仅在0.05%左右。其主要存在的化合物形式有氯化钠、氯化钾和氯化钙。

在未受污染的地面水中，氯化物的浓度较低，一般质量浓度低于 10mg/L，有的甚至低于1mg/L。水体中的氯化物来源包括：为防止路面结冰抛洒的盐粒、化工厂排放的废水、下水道排放的污水、石油钻井、污水灌溉、垃圾渗出液和海水倒灌。

氯离子是人体中最丰富、作用最广泛的阴离子。一个 70kg 的成人体内约有近 81.7g 的氯化物，其中88%位于细胞外。

饮用水中氯化物的味觉阈主要取决于所结合阳离子的种类，一般情况下氯化物的味觉阈在 200 ～ 300mg/L 之间。其中氯化钠、氯化钾和氯化钙的味觉阈分别为 210mg/L、310mg/L 和 222mg/L。如果用氯化钠质量浓度为 400mg/L 或氯化钙质量浓度为 530mg/L 的水来冲咖啡，就会觉得口感不佳。

（12） 硫酸盐

硫酸盐在自然界中存在于各种矿石中，包括重晶石（$BaSO_4$）、泻利盐（$MgSO_4 \cdot 7H_2O$）和石膏（$CaSO_4 \cdot 2H_2O$）。

饮用水中不同的硫酸盐味觉阈不尽相同，硫酸钠为 250 ～ 500mg/L（中值为 350mg/L），硫酸钙为 250 ～ 1000mg/L（中值为 525mg/L），硫酸镁为 400 ～ 600mg/L（中值为 525mg/L）。当水中硫酸钙和硫酸镁的质量浓度分别达到 1000mg/L 和 850mg/L 时，有 50% 的被调查对象认为水的味道令人讨厌、不能接受。

人们发现在蒸馏水中添加硫酸钙和硫酸镁可以改善水的口感，其最佳添加比例是 270mg/L 的硫酸钙和 90mg/L 的硫酸镁。

硫酸盐和硫酸产品主要应用于肥料、化工、印染、玻璃、造纸、肥皂、纺织品、杀真菌剂、收敛剂和催吐剂的生产。部分自来水生产企业在自来水生产过程中还使用硫酸铝作为混凝剂。在天然水体和公共水库中添加硫酸铜可抑制藻类生长。采矿、铸造、制牛皮纸浆、造纸厂、纺织厂和制革厂的生产过程中会有硫酸盐进入水体。陈旧的燃料在燃烧时和冶金煅烧过程中会产生大量的二氧化硫进入到周围的大气中，这也会使地表水中的硫酸盐浓度升高。二氧化硫通过光解作用或是氧化接触反应会形成三氧化硫，而三氧化硫会与大气中的水蒸气结合形成稀硫酸，这就是我们通常所说的"酸雨"。

地面水和雨中硫酸盐的浓度与人类活动中产生的二氧化硫的量有关。每升海水中含有近 2700mg 的硫酸盐。根据全球水网监测站（GEMS/WATER）的资料，一般新鲜的水中含有近 20mg/L 的硫酸盐，而自来水在生产过程中会增加硫酸盐的浓度。

人体平均每天从饮用水、空气和食品中摄入 500mg 的硫酸盐，其中食品是最主要的来源。当然如果一些地区饮用水中硫酸盐的含量很高，那饮用水则是该地区人群摄入硫酸盐的主要途径。

硫酸根离子是毒性最低的阴离子之一。硫酸钾或硫酸锌对人类的致死剂量为45g。人类如果饮用了硫酸盐质量浓度超 600mg/L 的水会出现腹泻，尽管经过一段时间后人体会适应高浓度的硫酸盐。有报道称，脱水是大量摄入硫酸镁或硫酸钠后常出现的现象。

在大量摄入硫酸盐后出现的最主要的生理反应是腹泻、脱水和胃肠道紊乱。人们常把硫酸镁含量超过 600mg/L 的水用作导泻剂。饮用水中的硫酸盐也能影响口感，水中以钠盐计硫酸盐最低的味觉阈是 250mg/L。硫酸盐同样也会对输水系统造成腐蚀。

（13）溶解性总固体

溶解性总固体（TDS）是溶解在水里的无机盐和有机物的总称。其主要成分有钙、镁、钠、钾离子和碳酸根离子、碳酸氢根离子、氯离子、硫酸根离子和硝酸根离子。

溶解性总固体的量与饮用水的味觉直接有关。以下列出了不同 TDS 浓度与饮用水的味道之间的关系：极好，少于 300mg/L；好，300～600mg/L；一般，600～900mg/L；差，900～1200mg/L；无法饮用，大于 1200mg/L。同样饮用水中 TDS 浓度过低，也会因为过分平淡无味而不受人们欢迎。

水中的 TDS 来源于自然界、下水道、城市和农业污水以及工业废水。为了防止结冰在路面上铺洒的盐类也可增加水中 TDS 的量。

自然来源的 TDS 受不同地区矿石含盐量的影响差异十分巨大，可从 300mg/L 到多则 6000mg/L。

虽然有大量关于饮用水硬度和健康之间关系的研究，但目前并没有饮用水中 TDS 与人群健康有关的报道。在早期的研究中，曾报道饮用水中的 TDS 与癌症、冠状动脉疾病、动脉硬化和心血管疾病呈负相关。也有报道称饮用水中的 TDS 与死亡率亦呈负相关。

已确认 TDS 中的组分，如氯化物、硫酸盐、镁、钙和碳酸盐会腐蚀输水管道或在管道中结垢。高质量浓度的 TDS（>500mg/L）会减少水管、热水器、热水壶和诸如蒸汽熨斗等家庭用具的使用寿命。

虽然各地情况并不完全相同，但总的来说饮用水中 TDS 质量浓度小于 1000mg/L 时比较容易让人接受。因为过高的 TDS 浓度，会造成口味不佳和水管、热水器、热水壶及家用器具的使用寿命缩短，因而引发居民的反感。同样饮用水中 TDS 浓度过低，也会因为过分平淡无味而不受人们欢迎，同时也会对输水管道造成腐蚀。

（14）总硬度（以 $CaCO_3$ 计）

传统水硬度是以水与肥皂反应的能力来衡量的，硬水需要更多的肥皂才能产生泡沫。事实上水硬度是由多种溶解性多价金属离子形成的，主要是钙、镁，其次是钡、铁、锰、锶和锌。

自然界中含钙量 100mg/L 的水是常见的，高于 200mg/L 则比较少见。可溶性镁盐一般在水中的质量浓度不超过 10mg/L，超过 100mg/L 则非常罕见。因而，水硬度主要由钙形成。硬度通常以每升水中含碳酸钙多少毫克来表达，当水中碳酸钙含量低于 60mg/L 时，为软水。硬度分为碳酸钙硬度（暂时性硬度）和非碳酸钙硬度（永久性硬度）。

水硬度的自然来源主要是沉积岩及土壤中溶解性多价金属离子的渗出。大多数的沉积岩中含有钙、镁离子，尤以石灰岩中为多。

所有食物中均含有钙和镁，乳制品富含钙，而镁主要存在于肉及植源性食物中。饮用水碳酸钙硬度一般为 10～500mg/L，以成人每天饮用 2L 水计，每天摄入镁 2.3mg（饮用软水）或 52.1mg（饮用硬水）。钙和镁的主要来源是膳食，每天从膳食中约摄入 1000mg 钙及 200～400mg 镁，其中 80% 以上来源于食物，5%～20% 来源于饮用水。

由于受水 pH 值和碱度等因素的影响，水中碳酸钙硬度大于 200mg/L 时，可能会在管网中产生沉淀。相反，水中碳酸钙硬度小于 100mg/L 时，管网中产生沉淀的可能性下降，管网易于腐蚀，导致镉、铜、铅和锌等金属溶入饮用水。

没有资料表明水硬度会影响人体健康。相反，有报道水硬度与许多疾病（包括癌症）呈负相关，但有人提出这可能是由于气候、社会、环境等因素的影响，并非水硬度的作用。很多大规模调查研究均发现，水硬度与心血管疾病呈负相关，也有些调查并未证实此种关系，然而对于混杂因素所起的作用尚不清楚。有一项研究在考虑到气候及社会因素后发现，当饮用水中碳酸钙含量达到170mg/L时，水硬度与男性心血管疾病呈负相关。人体对水硬度有一定适应性，改用不同硬度的水（特别是高硬度水）可引起胃肠功能暂时性紊乱，但一般短期内即能适应。据国内报道，饮用碳酸钙硬度为707～935mg/L的水，第二天就出现不同程度的腹胀、腹泻和腹痛等胃肠道症状，持续一周左右开始好转，20d后恢复正常。

人们对于硬度的接受程度相差很大。钙离子的味阈值为100～300mg/L，此阈值受水中阴离子的影响较大。水中碳酸钙硬度大于500mg/L时，难以让人接受。根据我国各地的调查，饮用水中的碳酸钙硬度大多不超过425mg/L，且人们对于该硬度的水反应不大。

（15）耗氧量（COD_{Mn}法，以O_2计）

耗氧量（化学耗氧量）是指在一定条件下（如测定温度等），强氧化剂（如高锰酸钾、高铬酸钾等）氧化水中有机物所消耗的氧量。它是测定水体中有机物含量的间接指标，代表水体中可被氧化的有机物和还原性无机物的总量。

虽然通过测定耗氧量的方法可以简易、迅速地了解水体受污染的情况，但是却不能反映有机污染物在水中降解的实际情况，因为化学耗氧量代表的是水体中可被氧化的有机物和还原性无机物的总量。因此比较广泛地用生化需氧量作为评价水体受有机物污染的指标。

水中有机污染物中比较主要的有酚类化合物、苯类化合物、卤烃类化合物以及各种油类。部分有机物在饮用水标准中已有限制值，如氯仿、四氯化碳；还有一些有机物由于现有技术条件和经济条件的限制，还没有制订相应的卫生标准。

耗氧量的意义在于指示饮用水中受有机污染物污染的程度，为水处理效果提供简单、迅速的指示指标。

一般情况下，传统的制水工艺无法去除大部分的有机污染物，而我国水体中有机污染又相对比较严重，在传统混凝、沉淀、砂滤工艺处理后的自来水中，耗氧量在2～5mg/L之间。

（16）挥发酚类（以苯酚计）

酚类中能与水蒸气一起挥发（沸点在230℃以下）的称挥发酚。

自然界中存在的酚类化合物有2000多种，该类化合物均有特殊臭味，易被氧化，易溶于水（6.6mg/100mL）、乙醇、氯仿、乙醚、甘油和石油等。酚污染水体后能恶化水的感观性状，产生异臭和异味。各种酚化合物在水中嗅觉阈差别很大。苯酚的嗅觉阈浓度为15～20mg/L，邻、间、对甲酚为0.002～0.005mg/L。

酚类化合物广泛应用于消毒、灭螺、防腐和防霉等，在其运输、贮存及使用过程中均可能进入水体。据调查，河流中一般每升含数微克酚，家庭生活污水中的含酚量为0.1～1mg/L。

酚可通过皮肤和胃肠道吸收，吸收后的酚主要分布于肝、血、肾，并且和肺酚类物质大部分在肝脏氧化成苯二酚、苯三酚，并同葡萄糖醛酸结合而失去毒性，然后随尿液排出。吸收后在 24h 内即可排出完毕。

目前的研究表明：酚是一种非致突变剂，在 Ames 试验中（TA100）呈阴性反应。

（17）阴离子合成洗涤剂

目前国产合成洗涤剂以阴离子型的烷基苯磺酸盐为主。其化学性质稳定，不易降解和消除。在许多国家，很早以来已使用更容易生物降解的洗涤剂来替代持久稳定的阴离子合成洗涤剂。因此，原水中的阴离子合成洗涤剂含量已经降低了很多。新型的阳离子、阴离子和非离子洗涤剂正被广泛地推向市场以替代会对水体造成污染的阴离子合成洗涤剂。

毒性实验表明阴离子合成洗涤剂的毒性很低，一般不表现毒作用。人体摄入少量未见有害影响，每天口服 100mg 纯烷基苯磺酸盐 4 个月（相当于每天饮用含 50mg/L 的水 2L），未见明显不能耐受的迹象。

阴离子合成洗涤剂对饮用水最大的影响在于造成饮用水出现令人讨厌的味和泡沫。当水中质量浓度超过 0.5mg/L 时即能使水起泡和具有异味。在感官性状保持良好的前提下，水中含有的阴离子合成洗涤剂不会对人体的健康造成毒性和危害。

饮用水卫生标准中阴离子合成洗涤剂浓度限值的基础在于控制其不得增加饮用水中的味和泡沫。

2. 毒理学指标

（1）砷

含砷化合物用于生产晶体管、激光、半导体的合铸剂，以及用于加工玻璃、色素、纺织品、纸、金属黏合剂、木材防腐剂、弹药、制革、农药等。

砷在天然水中的质量浓度通常在 $1 \sim 2\mu g/L$，但在含砷高的地区，水中砷的含量可能明显增高，曾有高达 12mg/L 的报道。鱼和肉类是人体摄入砷的主要来源，曾报道海鱼中含砷量为 $0.4 \sim 118mg/kg$，肉和家禽中含量可达 0.44mg/kg。

一般饮水中含砷量低于 $5\mu g/L$，按每日 2L 饮水量计算，每日摄入量低于 $10\mu g$。

砷化合物具有急性和亚急慢性毒性，其毒性随不同化合物而各异，三价砷化合物的急性毒性远大于五价砷化合物，同时砷化合物还具有生殖毒性、胚胎毒性和致畸性、致突变性及致癌性。

根据国内流行病学调查结果，饮用含砷量为 $0.127 \sim 0.178mg/L$ 的井水的居民，在体检中未发现慢性砷中毒或疑似病例，但在这部分人中发现其头发有砷蓄积。

（2）镉

镉主要用于电镀、电池、电子元件以及核反应堆等。

通常镉在饮水中的质量浓度较低，约在 $1\mu g/L$ 或更低的水平，因此人从饮水中的摄入量比较低。非吸烟的一般人群镉暴露的主要来源为食物。对于吸烟者而言，吸烟是镉的重要来源之一。职业暴露人群镉的主要来源可能是被污染的空气。

镉可以引起人体广泛器官和系统的损伤，而对肾脏的损伤是最常发生的。较高剂量的职业暴露，可能引起明显的肺脏损伤，主要表现为慢性阻塞性气道疾病，早期出现通气功能的改变，以后逐渐加重。

（3）铬

铬及其盐类用于制革、陶瓷、玻璃工业和电镀业以及生产催化剂、色素、油漆、杀菌剂等。

除在铬的严重污染区外，在地表水和饮水中铬的天然水平是很低的，一般含量范围为 $1\sim10\mu g/L$。铬在地下水中的含量也很低，一般在 $1\mu g/L$ 以下。食物是人体摄入铬的主要来源，但是当饮水中铬的含量较高时，从饮水中摄入铬的比例就会增加。

六价铬的毒性远高于三价铬，有足够证据表明，暴露于铬酸盐的职业接触者患呼吸系统癌症的危险度增加。在氯化和含氯气的水中，六价铬为主要形式，所以饮水中的铬质量浓度是以六价铬计的。

（4）铅

铅用于铅酸电池、焊料、合金、电缆护套、色素、锈抑制剂、釉料、塑料稳定剂等。

一般而言，人群主要通过空气和食品接触铅，从饮水中摄入的铅较少。自来水中的铅主要来源于管道系统，如输水管焊料、管件及其接头。即使聚氯乙烯水管也含铅，因为铅作为稳定剂用于生产该种塑料管，当水在这种管道中存放过久时，就会有铅的释出。铅从管道系统中的释出取决于诸多因素，如氯化物和溶解氧的存在，pH 值、水温、硬度、水的储留时间等。在某些情况下，释出的铅可在水中达到很高的浓度，甚至引起中毒。

在天然地表水中，含铅量很低，通常低于 $0.1mg/L$，在非污染区其质量浓度为 $0.1\mu g/L$ 或低于 $0.1\mu g/L$。

许多研究已经证实，铅可能引起肾脏损伤以及中枢和外周神经系统病变，从而导致神经行为改变。

WHO/FAO 食品添加剂联合专家委员会于 1986 年确定了对婴儿和儿童暂行每周按体重计铅的耐受摄入量为 $25\mu g/kg$［即 $3.5\mu g/$（$kg\cdot d$）］。鉴于婴儿是最敏感人群，故从保护婴儿的角度确定铅在饮水中的限值，从而能很好地保护整个人群。一个体重为 5kg 的人工喂养婴儿，每日饮水量为 0.75L，铅从饮水中的摄入量占总摄入量的 50%，则铅在饮水中限值为 $0.01mg/L$。

（5）汞

汞主要用于氯化钠电解中的阴极、电子工业、金的提炼以及医药、牙科和实验室试剂。

汞在天然地表水和地下水中的质量浓度低于 $0.5\mu g/L$，但在矿区地下水中含量可能增高。

食物是一般人群汞的主要来源，而鱼和鱼制品又是食物中汞的绝大部分来源。

汞的毒性作用主要表现为对神经系统和肾脏的损伤。甲基汞和乙基汞的主要中毒特征是以神经系统损伤为主，而无机汞则是以肾脏损伤更为突出。

WHO 从保守的角度出发，使用甲基汞每周耐受摄入量作为确定无机汞在饮水中限值的依据，以从饮水中的摄入量占总摄入量的 10% 计，得出在饮水中总汞的限值为 $0.001mg/L$。

（6）硒

在富硒区的井水中，硒质量浓度可能变动很大，其范围从低于检出水平至 $330\mu g/L$。某些井水甚至含有中毒水平的硒。在中国富硒地区 11 个饮水水样中硒含量达 $54\mu g/L$，并有慢性中毒的发生。

总之，通常在自来水中的含硒量低于 $10\mu g/L$；在地表水和地下水中的含量范围从 $0.06 \sim 400\mu g/L$，甚至高达 $6000\mu g/L$。

Rosenfeld 等认为，除非特殊情况，一般来说饮水中硒不足以引起动物和人中毒。一般人群硒的主要来源是食物。由于地理化学的差异，成人从食物中的摄入量范围为 $11 \sim 5000\mu g/d$，但是，通常的摄入量范围为 $20 \sim 300\mu g/d$。大多数饮水中含硒量很低，远低于 $10\mu g/L$，如果含量为 $1\mu g/L$，则每日从饮水中的摄入量为 $2\mu g$。因此与食物相比，从饮水中的摄硒量占有很小的比重。

硒是人体必需元素。中国的调查表明，硒缺乏可能是克山病地区的心肌病（克山病）以及关节和肌肉病（大骨节病）发生的一种因素。当硒摄入量过多时又可发生硒中毒，在中国的 5 个村庄每日硒摄入量为 $5mg$，硒中毒发生率为 49%，出现头发变脆，指甲变脆、变薄，皮肤损伤，神经系统紊乱等症状。

基于硒对人未观察到有害作用的水平（NOAEL）按体重计为 $4\mu g/$（$kg \cdot d$）。建议对成人硒的每日摄入量按体重计为 $0.9\mu g/$（$kg \cdot d$），约 10% 的摄入量来自饮水，其限值为 $0.01mg/L$。

（7）氰化物

只有当水受到氰化物污染时，才会在饮水中检出，在天然水中一般并未发现氰化物。在天然或碱性条件下或适当氯化处理均可将氰化物降到很低的水平。

在热带和亚热带的发展中国家，有 3 亿～5 亿人口以木薯为主要食物，如果处理不当，木薯中就会含有很高浓度的氰化物，可引起中毒。由于加工不当而食用含高浓度氰化物木薯的人群会出现对甲状腺和神经系统的影响。

（8）氟化物

无机氟化物用于铝的生产，在钢铁和玻璃纤维工业中作为一种助焊剂，并可用于生产磷酸盐肥料等。

氟化物存在于地表水和地下水中。在地下水中氟化物的浓度变动很大，受多种因素的影响，例如供水区的地理、化学和物理特性，岩石的性质、pH 值、温度、井深等。一般而言，质量浓度范围为 $1 \sim 25mg/L$。

在地表水中氟化物浓度较低，为 $0.01 \sim 0.3mg/L$。在海水中浓度高于淡水。在所有食品中都可能含有氟化物，各种食物中氟化物含量有很大差异，茶叶中含有较高浓度的氟化物，平均含量可达 $100mg/kg$。

氟化物具有防龋作用，但当饮水中氟质量浓度升高时会出现令人厌恶的氟斑牙。饮水中含有高浓度氟化物可引起氟骨症，甚至是残疾性氟骨症。

（9）硝酸盐（以 N 计）及亚硝酸盐

硝酸盐主要用作无机肥料，也用于氧化剂和生产炸药等。

在地表水中硝酸盐的质量浓度通常很低，其范围为 $0 \sim 18mg/L$，但是当受到农业泾流水或人畜粪便等污染时则会明显增高。在地下水中硝酸盐的质量浓度因土壤类型和地质情况的不同而有很大差异，但一般情况下质量浓度不高，每升水中大约只有数毫克。

在以地表水为水源的饮水中，大多数国家的饮用水的硝酸盐的质量浓度通常不超过 $10mg/L$。据 1991—1993 年我国广东省的调查结果表明，在地表水水源中硝酸盐氮含量的中位数为 0.41mg/L。一般而言，蔬菜可能是人体暴露于硝酸盐的主要来源，特别是在某些蔬菜的上市盛季更是如此。但是在饮水中硝酸盐含量高的地区，饮水可能成为摄入硝酸盐的主要途径，特别是对于那些人工喂养的婴儿。

在食品和饮水中高含量的硝酸盐或亚硝酸盐均可引起人的急性中毒，特别是婴儿的急性中毒。婴儿，特别是 3 个月以下的婴儿是硝酸盐中毒最敏感的人群。婴儿可能在暴露剂量远低于成人时发生中毒。

亚硝酸盐用作食品防腐剂，特别是加工食品（防腐剂）。

在地表水中亚硝酸盐的质量浓度通常很低，但是当受到农业泾流水或人畜粪便等污染时则会明显增高。亚硝酸盐摄入量过高，会引起皮肤青紫、窒息，甚至可导致死亡。

（10）三氯甲烷（氯仿）

三氯甲烷（氯仿）是饮水氯化消毒过程中的主要副产物，并且还在工业上用作溶剂。水中氯仿的来源包括用氯漂白纸浆、娱乐用水池水的氯化消毒处理、冷却水和污水等。氯化消毒过程中氯仿生成的速度和程度与氯的浓度、水中腐殖酸的浓度、水的温度和 pH 值等有关。此外，在灭火剂、杀虫剂、制冷剂、烟雾剂的生产和使用过程中可能造成氯仿对水体的污染。

水中的氯仿含量随季节有所变化。一般说来，夏季比冬季质量浓度高。地下水中氯仿的质量浓度差异很大，这主要取决于附近有无污染源。

氯仿最常见的毒性是对肝中心小叶区的损伤。

一般人群从食物、饮水和室内空气中暴露的氯仿量类似，而且室内空气中的氯仿大部分都是从饮用水中蒸发而来。因此，可以认为总摄入的 50% 来自于饮用水。此外，人在洗澡时可经皮肤吸入体内。

（11）四氯化碳

四氯化碳又称四氯甲烷，主要用于氯氟碳制冷剂、发泡剂及溶剂的生产，还用于油漆和塑料的制造，也用于金属清洗、熏蒸剂等的溶剂。用于饮水消毒的氯制剂有时会含有四氯化碳。

释放到环境中的四氯化碳大部分到达大气层并均匀分布。它在大气中的半衰期估计为50 年。地面水中的四氯化碳可在几天或几周之内扩散到大气中，但地下水中的四氯化碳可在数月甚至数年内维持在同一水平。四氯化碳可被土壤中的有机质吸收，也可能扩散到地下水中。目前还未观察到四氯化碳的生物富集。

四氯化碳可通过胃肠道、呼吸道和皮肤吸收。四氯化碳及其代谢产物主要通过呼气排出，也有少部分通过尿及粪便排泄。

过量的四氯化碳可造成神经系统症状，如恶心、抑郁、食欲不振及昏睡等，同时也可引起肝肾损害、肝癌、淋巴肉瘤和淋巴细胞白血病等疾病。

（12）溴酸盐（使用臭氧时）

原水中含有溴化物时，在臭氧消毒时溴化物被氧化生成溴酸盐。当其达一定浓度即对人体有潜在的致癌作用。

（13）甲醛（使用臭氧时）

甲醛为无色、刺激性气体，主要用于生产脲醛树脂、酚类、三聚氰胺，也用于化妆品、杀霉菌剂、纺织品以及防腐剂中。水中的甲醛主要来自于工业废水的排放，也来自臭氧和氯化消毒时造成的水中腐殖质类物质的氧化。在经臭氧消毒的水中可检测到质量浓度高达 $30\mu g/L$ 的甲醛。

水中高浓度的甲醛可引起接触者皮肤的刺激症状和过敏性皮炎。还有报道指出，透析液的甲醛污染与透析病人溶血性贫血的发生有关。

（14）亚氯酸盐（使用二氧化氯消毒时）

亚氯酸盐主要用于生产二氧化氯，还在造纸、纺织等行业被用作漂白剂。清漆、石蜡等的制造过程中也使用亚氯酸盐。用二氧化氯进行消毒时往往在水中形成亚氯酸盐，我国有报道自来水厂出厂水中亚氯酸盐的质量浓度为 $0.257 \sim 0.760mg/L$。

（15）氯酸盐（使用复合二氧化氯消毒时）

氯酸盐是二氧化氯消毒的副产物，可引起溶血性贫血、降低精子的数量和活力，对婴幼儿神经系统产生刺激作用。

3. 微生物指标

（1）总大肠菌群

总大肠菌群是评价生活饮用水的一个重要指标。总大肠菌群是一群需氧和兼性厌氧，在 $37℃$ 生长时能使乳糖发酵，24 小时内产酸、产气的革兰氏阴性无芽胞杆菌。总大肠菌群在自然环境的水和土壤中也能经常存在。大肠菌群性质稳定，在粪便中的数量多，在一些腐殖质中也含有，易检测，其检出量与水体受人畜粪便污染的程度呈正相关。

（2）耐热大肠菌群

耐热大肠菌群直接来自于人和温血动物的粪便，习惯于 $37℃$ 左右生长，如升高培养温度至 $44℃$ 仍可继续生长。因此，凡在 $44℃$ 仍能生长的大肠菌群称为耐热大肠菌群。耐热大肠菌群是水质被粪便污染的重要的指示菌。水体出现耐热大肠菌群，表明该水体已被粪便污染，水中可能存在肠道致病菌和寄生虫等病原体。

（3）大肠埃希氏菌

大肠埃希菌通常存在于人类和动物的胃肠道内，随粪便排出，散布于自然环境中，理化抵抗力强，是粪源性污染指标。为革兰氏阴性杆菌，兼性厌氧，合成代谢能力强，在含无机盐、胺盐、葡萄糖的普通培养基上生长良好，最适温度为 $37℃$，在 $42 \sim 44℃$ 条件下仍能生长。

（4）菌落总数

细菌总数的增加，表明水体受到有机污染，但不能阐明污染来源。

4. 放射性指标

总 α 放射性与总 β 放射性：

在环境放射性监测中，总 α 射线和总 β 射线放射性测量常常被用作一种筛选监测手段，即确定是否需要进行特定放射性核素的进一步分析测定，以及确定分析哪种放射性核素。因此，饮用水中总 α 射线和总 β 射线放射性指标不是限值，而是指导值。高于该值本身并不说明该水质不适用于饮用，而应进行放射性核素分析，估算所致剂量，做出卫生学评价。

图 1-3 列出饮用水中总 α 射线放射性和总 β 射线放射性的监测程序。

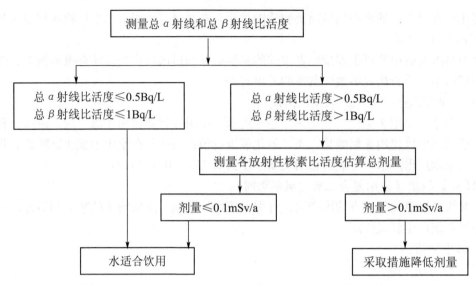

图 1-3 饮用水中总 α 射线和总 β 射线放射性监测程序

（二）消毒剂常规指标

（1）氯气及游离氯制剂（游离氯）

游离余氯的嗅阈和味阈质量浓度都是 0.2～0.5mg/L。化合性余氯的嗅阈为 0.6～1.1mg/L，味阈为 0.6～1.2mg/L。鉴于当氯与水接触 30min，水中游离余氯在 0.3mg/L 时，对肠道致病菌、钩端螺旋体、布氏杆菌等均有杀灭作用。

（2）一氯胺（总氯）

采用氯胺消毒，肠道病毒（传染性肝炎、脊髓灰质炎病毒等）对氯的耐受力比肠道致病菌强，如保证游离余氯为 0.5mg/L，接触时间为 30～60min，可使肠道病毒灭活。

（3）臭氧（O_3）

采用臭氧消毒时，与水接触时间 ≥12min，出厂水余臭氧指标 ≤0.3mg/L，管网末梢水中余量控制为 0.02mg/L。

（4）二氧化氯（ClO_2）

采用二氧化氯消毒时，与水接触时间 ≥30min，出厂水二氧化氯指标范围为 0.1～0.8mg/L，管网末梢水中余量 ≥0.02mg/L。

（三）水质非常规指标

1. 微生物指标

（1）贾第鞭毛虫

贾第鞭毛虫主要寄生于人和某些哺乳动物小肠，引起腹泻和消化不良。生活史包括滋养体和包囊两个时期，滋养体为营养繁殖期，包囊为传播期随粪便排入水体。

（2）隐孢子虫

隐孢子虫是一种肠道寄生虫，人及牛、马、羊、鸭、鹅等均能感染而致病。主要表现为急性腹泻，以霍乱样水泻为特点。患病的人和动物的粪便中有大量感染性隐孢子虫卵囊，传播途径为粪—口传播。

2. 毒理指标

（1）锑

锑用于半导体合金、电池、减摩化合物、炸药、电缆护套、防火剂、陶瓷、玻璃、焊料合金等。

在锑矿采掘和铝、锡、铜的合金制造过程中可有不同形式的锑化合物进入水体。在天然水中存在三价锑和五价锑的氧化物以及甲基锑化合物。

急性锑中毒可引起死亡，同时锑对人有致癌可能性。

（2）钡

钡是一种碱土金属，其化合物可用于塑料、橡胶、电子、纺织行业，并可用于陶瓷、玻璃制造、制砖、造纸、药物和化妆品、石油和天然气行业等。

钡广泛存在于海水、地表水和地下水中。钡也存在于食物、空气以及尘埃样品中。在谷物、饲料植物、黑胡桃、巴西坚果、烟草、大豆、土豆、小麦、水果等中均有一定含量。研究表明，心血管病死亡率与饮水中钡含量相关。

（3）铍

铍是一种碱土金属，能耐高温，用于导弹、飞机制造工业、X射线设备及电器元件。

铍广泛存在于空气、水体、沉积物、土壤、食物以及烟草中，一般人群主要是从食物和水中摄入铍。吸入铍化合物可引起急性肺炎和慢性肺肉芽肿（也称为慢性铍病）。

（4）硼

硼广泛存在于自然界。硼酸及硼酸盐用于玻璃制造业及肥皂、洗涤剂、阻燃剂和制药、化妆品、农药和农用肥料中。

硼在水果、蔬菜、坚果、豆类中含量较高，而在乳制品、肉类、谷类、鱼中的含量较低。此外，硼也可以存在于空气和土壤以及水生物等之中。

（5）钼

钼用于生产特种钢、电接触器、火花插座、X射线管、灯丝、荧光屏、收录机，还可用于生产钨丝、玻璃－金属焊接、非铁合金等。钼同时也是动物以及人体的必需微量元素。

（6）镍

镍主要用于生产不锈钢、制作合金以及用于电镀、镍－镉电池、硬币、电器产品等。

一般人群摄入镍的主要途径是食物，水占有较小的比重，通常从饮水中的摄入量占总摄入量的10%以下。镍可以引起人的急性中毒，也常会引发生过敏性接触性皮炎。

（7）银

银具有良好的电和热传导性，能与铜、汞和其他金属形成重要合金。可以以盐类、氧化物和卤化物等形式用于摄影物质、碱电池、电器、镜子、消毒剂和硬币等方面。

从饮水中摄入的银占总摄入量的部分很小，只有当用银盐作为杀菌剂处理水时，从饮水中摄入的银才有可能成为主要来源。

慢性银中毒的主要表现是银质沉着病，即银沉着于皮肤、头发和其他器官中。在眼睛出现的色素沉着是银质沉着病首先出现的症状。

（8）铊

铊主要用于电子、军事、玻璃、半导体、核工业以及光学设备制造和矿物、地质、人造宝石等方面。

自然界中铊分布广，但含量微。铊不是人体必须元素。铊的污染可导致人体中毒，其至死亡。对人的致死剂量为 8 ～ 12mg/kg，绝对致死剂量为 14mg/kg。慢性铊中毒可见于某些使用铊盐作为生产原料或生产过程中有铊逸散的生产环境，工人可以通过呼吸道、皮肤或手污染后经口摄入铊，从而导致慢性铊中毒。其症状多表现为中枢和植物神经系统功能紊乱，由于影响钾代谢而导致心脏功能改变，以及肝脏和相应的某些血清酶活性改变和脱发等。

（9）氯化氰（以 CN⁻ 计）

氯化氰主要用于熏蒸剂，也用作合成其他化合物的试剂。氯化氰也是饮用水氯胺或氯化消毒的副产物之一。

氯化氰的主要中毒症状有呼吸道刺激、气管和支气管的血性渗出物以及肺水肿。

（10）一氯二溴甲烷

一氯二溴甲烷（DBCM）是饮水氯化消毒过程中的主要副产物之一，为致癌物。

（11）二氯一溴甲烷

二氯一溴甲烷（BDCM）是饮水氯化消毒过程中的主要副产物之一，为致癌物。

（12）二氯乙酸

二氯乙酸主要用作有机物合成的中间体、农药等。在氯化消毒过程中，水中的有机物类与氯作用形成氯乙酸类。

（13）1,2 - 二氯乙烷

1,2 - 二氯乙烷，又名二氯乙烯，为无色透明液体，具有类似氯仿的气味和甜味。可用于制造乙二醇、乙二胺、聚氯乙烯、尼龙、粘胶人造纤维、苯乙烯 - 丁二烯橡胶和各种塑料、香料、肥皂、黏合剂、润肤剂、药物，用作树脂、沥青、橡胶、醋酸纤维素、纤维树脂、油漆、豆油和咖啡因的提取剂、浸渍剂和熏蒸剂，还用于照相、静电复印、水软化等。排放到环境中的 1,2 - 二氯乙烷大部分挥发到大气中，为致癌物。

（14）二氯甲烷

二氯甲烷又名亚甲氯，为无色透明有芳香气味的液体，主要作为有机溶剂广泛应用于油漆、杀虫剂、脱脂剂、清洗剂及其他产品中。制氯工业废水中含有二氯甲烷，可随废水排放污染地面水和土壤。高浓度的二氯甲烷可导致麻醉，可损伤人的感觉和运动功能。

（15）三卤甲烷

三卤甲烷包括常规指标中的三氯甲烷、非常规指标中的一氯二溴甲烷、二氯一溴甲烷及三溴甲烷。

（16）1,1,1 - 三氯乙烷

1,1,1 - 三氯乙烷主要用于清洗电器、发动机、电子设备、家具，还可用于溶解黏附剂及织物染料。此外，还可作为金属切割油中的减热润滑剂，同时又是墨水和干洗液的重要成分。

1,1,1 - 三氯乙烷为致癌物。

（17）三氯乙酸

三氯乙酸主要用作有机物合成的中间体、农药等。在氯化消毒过程中水中的有机物类与氯作用形成氯乙酸类。

（18）三氯乙醛

三氯乙醛（水合氯醛）主要通过工业废水污染水体，溶于水后便形成水合氯醛。三氯乙醛也是饮水氯化消毒的副产物之一。

三氯乙醛有致突变性。

（19）2,4,6 – 三氯酚

2,4,6 – 三氯酚主要用于生产 2,3,4,6 – 四氯酚和五氯酚，还用作杀菌剂、胶水、木材防腐剂和抗霉菌剂。在氯化消毒过程中，氯与水中的酚类、次氯酸根与酚类作用可形成 2,4,6 – 三氯酚。

2,4,6 – 三氯酚为致癌物。

（20）三溴甲烷

三溴甲烷是饮水氯化消毒过程中的主要副产物之一。它还被用作化学试剂、有机物合成的中间体、镇静剂和止咳剂等。

三溴甲烷为致癌物。

（21）七氯

七氯为有机氯杀虫剂，主要作为芽前土壤杀虫剂，用于防治玉米根部虫类、线虫、夜盗蛾等。七氯可被迅速氧化成七氯环氧化物而在土壤中存在相当长时间。一些调查表明，某些地区的饮用水中可检测到的 ng/L 水平的七氯和七氯环氧化物。

七氯为致癌物。

（22）马拉硫磷

马拉硫磷即 O,O – 二甲基 – S – （1,2 – 二乙氧基羰基乙基）二硫代磷酸酯，是一种高效低毒的有机磷杀虫剂。马拉硫磷有强烈的硫醇臭，嗅觉阈为 0.25mg/L。

（23）五氯酚

五氯酚作为一种高效、价廉的广谱杀虫剂、防腐剂、除草剂，曾长期在世界范围内使用。我国从 20 世纪 60 年代早期开始，曾在血吸虫病流行区大量使用，用于杀灭血吸虫的中间宿主钉螺。目前，五氯酚主要用作木材防腐剂。尽管欧洲的一些发达国家已停止或限制使用五氯酚，但在一些发展中国家，五氯酚仍被作为重要的农药而使用。

五氯酚为致癌物。

（24）六六六

六六六为有机氯农药，是四种异构体的粗混合物，目前已被禁止使用。六六六在水中稳定，有强烈的异臭，嗅觉阈为 0.02mg/L。

六六六的蓄积性强，有致癌性。

（25）六氯苯

六氯苯是杀菌剂，主要用于防治小麦的腥黑穗病、杆黑粉病以及大麦、燕麦和高粱的坚黑穗病。许多国家现已停止生产六氯苯，但它可作为化学合成过程的副产物以及农药的杂质进入环境。

六氯苯为致癌物。

（26）乐果

乐果的化学名称是 O,O – 二甲基 – S – （甲氨基甲酰甲基）二硫代磷酸酯。它是一种高效中等毒性的农药，对昆虫有较强的触杀作用。乐果有强烈的异臭，嗅觉阈浓度为 0.077mg/L。

（27）对硫磷

对硫磷即 O,O－二乙基－O－（对硝基苯基）硫代磷酸酯，又称 1605，是一种广谱杀虫剂和杀螨剂，其工业品一般含 95%～97% 以上的对硫磷和 5% 以下的对硝基酚，呈黄褐色，有大蒜样气味。对硫磷可溶于水，在 25℃ 时的溶解度为 24mg/L。目前的研究表明，对硫磷不可能在食物链或食物网中产生生物蓄积和生物放大。对硫磷在水中较稳定，有强烈的臭味，嗅觉阈浓度为 0.003mg/L。

（28）灭草松

灭草松是触杀性兼有内吸性的除草剂，主要用于水旱田多种作物防除阔叶杂草和莎草科杂草。灭草松在土壤的半减期为 15 天～5 周不等。

灭草松为低毒或中等毒性。

（29）甲基对硫磷

甲基对硫磷的化学名为 O,O－二甲基－O－（对硝基苯基）硫代磷酸酯，又称甲基1605。它的用途与对硫磷相似，但其残效期较对硫磷短。甲基对硫磷在水中极稳定，嗅觉阈为 0.02mg/L。

（30）百菌清

百菌清是一种新型杀菌剂，其化学名称为 2,4,5,6－四氯－1,3 苯二腈。百菌清对皮肤和眼有轻度的原发刺激作用。

（31）呋喃丹

呋喃丹是氨基甲酸酯类杀虫剂和杀线虫剂。

（32）林丹

林丹即六六六的丙体异构体，具有强胃毒性、高触杀性和一些熏蒸活性，主要用于水稻、小麦、大豆、玉米、蔬菜、果树、烟草、森林、粮仓等各种虫害的防治，也用作治疗性杀虫剂，如疥疮的治疗等。

林丹为致癌物。

（33）毒死蜱

毒死蜱属中等毒性杀虫剂。

（34）草甘膦

草甘膦属低毒除草剂，广泛用于橡胶、桑、茶、果园及甘蔗地。

（35）敌敌畏

敌敌畏属有机磷农药，广泛用于农作物杀虫，还有家庭灭蚊、蝇。多见吸入或误服而中毒。

（36）莠去津

莠去津属除草剂。

（37）溴氰菊酯

溴氰菊酯为拟除虫菊酯类广谱杀虫剂，能有效杀灭螨类以外的大多数农业害虫，广泛用于棉花、果树、茶叶、蔬菜害虫及家畜体外寄生虫的防治以及控制卫生害虫和仓储害虫。水中溴氰菊酯主要来源于工业废水的排放。

（38）2,4－滴

2,4－滴即 2,4－二氯苯氧乙酸，主要被用作除草剂和植物生长调节剂，它的化学性质稳定。

2,4 - 滴为致癌物。

（39）滴滴涕

滴滴涕是一种有机氯农药，在环境中很稳定。目前除了用作黄热病、疟疾、斑疹伤寒等流行的控制外，许多国家已禁止或限制生产滴滴涕。人摄入的滴滴涕大部分来源于动物性食品。

滴滴涕为致癌物，可引起肝重增加以及肝细胞坏死。

（40）乙苯

乙苯是有芳香气味的无色液体，主要用作苯乙烯、苯乙酮的生产，也作为溶剂以及沥青和石脑油的成分。

（41）二甲苯（总量）

二甲苯为无色透明液体，有邻二甲苯、间二甲苯和对二甲苯三种异构体。二甲苯用于杀虫剂和药物的生产、还作为清洁剂的成分以及油漆、墨水和黏合剂的溶剂。二甲苯的3种异构体还是生产各种化学物质的基础材料。

（42）1,1 - 二氯乙烯

1,1 - 二氯乙烯又称为氯乙烯叉，有一种轻微的甜味，主要用作生产1,1 - 二氯乙烯聚合体的单体以及合成其他有机化合物的中间体。

（43）1,2 - 二氯乙烯

1,2 - 二氯乙烯主要用作合成含氯溶剂和化合物的中间媒体。它还常常用作有机物质的萃取溶剂。

（44）1,2 - 二氯苯

1,2 - 二氯苯被广泛用于工业和家庭产品，如除臭剂、染料和杀虫剂。

1,2 - 二氯苯为致癌物。

（45）1,4 - 二氯苯

1,4 - 二氯苯被广泛用于工业和家庭产品，如除臭剂、染料和杀虫剂。

1,4 - 二氯苯为致癌物。

（46）三氯乙烯

三氯乙烯为无色液体，主要用于干洗、去除金属配件的油污以及脂肪、蜡、树脂、油、橡胶、油漆以及涂料的溶剂，也用于吸入镇静剂和麻醉剂。

三氯乙烯可引起职业性暴露者血清转氨酶的升高，提示其可能损伤肝实质细胞，也可引起食欲降低、睡眠障碍、运动失调、眩晕、头痛及短期记忆丧失。

三氯乙烯为致癌物。

（47）三氯苯（总量）

三氯苯通常为1,2,3 - 三氯苯、1,2,4 - 三氯苯和1,3,5 - 三氯苯的混合物，以1,2,4 - 三氯苯为主。三氯苯被用作化学合成的中间体、溶剂、冷却剂、润滑剂和传热介质，也被用于染料、杀白蚁剂和杀虫剂。

（48）六氯丁二烯

六氯丁二烯被用于氯气生产时的溶剂和橡胶制造的中间体，还用作润滑、杀虫剂、葡萄园的熏蒸剂。

长期接触六氯丁二烯，会出现低血压、心肌营养不良、神经功能紊乱、肝功能异常以及呼吸系统症状。

六氯丁二烯为致癌物。

（49）丙烯酰胺

丙烯酰胺为白色无味片状结晶，用作聚丙烯酰胺生产的中间体和单体。丙烯酰胺和聚丙烯酰胺主要用于生产饮水净化以及城市、工业废水处理的絮凝剂，还作为灌浆剂用于修建饮用水井和蓄水池。丙烯酰胺在合成树脂、涂料、感光材料聚合物、印刷工业、皮革处理等方面有广泛的用途。

水中的丙烯酰胺主要来源于工业废水和水处理过程中絮凝剂中残留的丙烯酰胺。丙烯酰胺为致癌物。

（50）四氯乙烯

四氯乙烯为无色透明具有醚样气味的液体，主要用于干洗剂、脱脂剂、热导介质等。进入环境的四氯乙烯大部分存在于大气中。水中的四氯乙烯可经微生物降解为二氯乙烯、氯乙烯和乙烯。四氯乙烯不会在动物或食物链中蓄积。

（51）甲苯

甲苯是一种清亮、无色且有甜味的液体，主要用作油漆、涂料、树胶、石油、树脂等的溶剂，还作为生产苯、酚或其他有机溶剂的原料。此外，调和汽油时也要使用甲苯。

（52）邻苯二甲酸二（2－乙基己基）酯

邻苯二甲酸二（2－乙基己基）酯（DEHP）为无臭黏稠液体，主要用于聚氯乙烯产品和氯乙烯共聚树脂的增塑剂，还可代替多氯联苯作为小蓄电池的电解质。DEHP在水中不易溶解，主要通过工业废水污染水源。

DEHP为致癌物。

（53）环氧氯丙烷

环氧氯丙烷是无色液体，有似氯仿气味，易挥发，不稳定。

环氧氯丙烷主要用于制备甘油、环氧树脂、氯醇橡胶、聚醚多元醇，是生产甘油及缩水甘油衍生物的重要原料，用作有机溶剂。

（54）苯

苯为无色有特殊气味的气体，主要用于生产丙苯/乙苯、异丙苯/酚以及环己烷，还作为汽油的添加剂增加辛烷值。水中的苯主要来源于工业废水、空气中的苯以及含苯的汽油颗粒。

苯为致癌物。

（55）苯乙烯

苯乙烯是一种无色带有甜味并具有芳香气味的黏性液体，主要用作生产塑料、树脂和绝缘材料，还可用于造漆、制药、香料等。

苯乙烯为致癌物。

（56）苯并（α）芘

苯并（α）芘主要由各种有机物的不完全燃烧而来，如森林火灾、火山爆发及燃料燃烧、铝冶炼和汽车尾气等。

苯并（α）芘为致癌物。

（57）氯乙烯

氯乙烯为无色带甜味、略有醚味的气体，主要用于聚氯乙烯（PVC）的生产、制造合成纤维、化学品中间体或溶剂以及生产塑料树脂等。它还用作冷冻剂。

氯乙烯为致癌物。

（58）氯苯

氯苯主要用作溶剂、脱脂剂以及合成其他卤化有机物的中间体。水中的氯苯可来源于工业废水的排放以及土壤中氯苯的渗漏。

氯苯对人会引起中枢神经系统功能紊乱。

（59）微囊藻毒素–LR

蓝藻又称为蓝细菌，因为含有光合色素而得名。蓝藻存在于地球上各个地方。淡水中的蓝细菌可聚集在水表面形成"水华"，也可聚集在水面形成"泡沫"。某些种类的蓝藻产生毒素，已知的微囊藻毒素类物质至少有 50 种，微囊藻毒素–LR 是第一个被鉴定出的微囊藻毒素。

微囊藻毒素–LR 可能引起以呕吐、肝肿大，合并有电解质、葡萄糖和血浆蛋白丢失的肾功能异常。

3. 感官性状和一般化学指标

（1）氨氮（以 N 计）

氨氮是水中发现的氮的形态之一，它以 NH_4OH 或 NH_4^+ 离子存在，取决于 pH 值。"蛋白性氮"为采用强化学氧化剂使水中的一些有机物释出另外部分的氨。"凯氏氮"是测定水中存在的无机和有机氮的总浓度。

大多数天然水中存在氨氮，它们来源不同，最主要是分解的植物和动物。地面水中氨氮增加可能是由于生活污水或工业废水新近的污染，原水中任何显著浓度的氨必须调查，尤其是与较多的细菌污染相联系。

（2）硫化物

硫化物指 H_2S、HS^- 和 S^{2-} 的盐类。天然气净化、炼焦、石油精炼、人造丝生产、橡胶、染料和制药工业废水中均存在硫化物。水中硫化物对人与动物不产生毒性，但引起感官性状恶化（产生令人厌恶的臭和味）。地面水中 1mg 溶解氧可使 0.53mg H_2S 氧化为硫酸盐。

（3）钠

污水、工业废水、海水流入以及钠盐的使用都可造成水中的钠升高。水中钠含量差别很大，地下水中正常范围为 6～130mg/L，地面水中钠的质量浓度为 1～130mg/L，浓度高可能与盐碱土壤有关，一般取决于地质条件。钠盐的味阈值如下：Na_2CO_3：20mg/L，NaCl：150mg/L，$NaNO_3$：190mg/L，Na_2SO_4：220mg/L。

第二章 给水工艺

第一节 常规处理

"混凝—沉淀（或澄清）—过滤—消毒"可称之为生活饮用水的常规处理工艺。常规处理工艺对水中的悬浮物、胶体物和病原微生物有很好的去除效果，对无机污染物，如某些重金属离子和少量的有机物也有一定的去除效果。以地表水为水源时，常规处理主要是去除悬浮物质、胶体物质和病原微生物。对于未受到污染的水源水，常规处理后能够达到生活饮用水的水质标准，其一般化学指标和毒理学指标可以满足对健康的要求。

在常规处理工艺中，混凝是向原水中投加混凝剂，使水中难以自然沉淀的悬浮物和胶体颗粒相互凝聚，生成大颗粒絮体（俗称矾花），然后在沉淀（澄清）池中沉淀下来。过滤是利用颗粒状滤料（如石英砂、无烟煤等）截留经过沉淀后的水中残留的颗粒物，进一步去除水中的杂质，降低水的浊度。消毒是饮用水处理的最后一环节，通过向水中加入消毒剂（水厂一般用液氯）来灭活水中的病原微生物。

下面对常规处理工艺各环节进行介绍。

一、混凝

在给水处理中，向原水投加混凝剂，以破坏水中胶体颗粒的稳定状态，在一定水力条件下，通过胶粒间以及和其他微粒间的相互碰撞和聚集，从而形成易于从水中分离的絮状物质的过程，称为混凝。混凝工艺主要包括投药、混合和絮凝三个过程，也就是说，向水中投加混凝剂和其他药剂后，经过几秒钟的强烈混合，药剂迅速而均匀地分布于水中，使水中的胶体颗粒失去稳定性，从相互排斥转变为相互吸引，然后脱稳的胶体颗粒在絮凝池中因相互碰撞而结合，最后生成有一定大小、密度和强度的絮凝体，俗称"矾花"，可在后续的沉淀（澄清）池和滤池中去除。

（一）混凝原理

原水中有不同大小的杂质颗粒，在饮用水处理过程中，比较大的杂质颗粒很容易在沉淀和过滤时去除。但原水中还有许多产生浑浊度和色度的胶体，很难自然沉淀。这些胶体一般由粘土、有机物、腐殖质、病毒和细菌等组成。要使水中的胶体颗粒沉淀，必须使胶体失去稳定性，或者称为脱稳，才能使其相互结合成为大颗粒杂质而沉淀。这些胶体颗粒，只有在投加混凝剂，如投加铁盐或铝盐以后，再经过混合和絮凝过程，形成"矾花"，才可在沉淀（澄清）和过滤时被去除。

40

1. 胶体性质

无论是天然水中带负电荷的粘土胶体，或是加混凝剂后生成的带正电荷的氢氧化物胶体，都是由固体的胶核以及包围在胶粒外的双电层（吸附层和扩散层）组成，双电层内的正、负电荷离子数是相等的，见图2-1。胶体在水中移动时，胶粒（胶核和吸附层）一起移动。吸附层中正电荷和负电荷的离子数并不相等，其中粘土等胶体的负电荷离子数较多，所以使这类胶体带负电荷。扩散层厚度为吸附层的数百倍，并且厚度随原水中的离子数而有变化，离子数越少则厚度越薄，相反，则厚度越大，胶体的电性斥力大小和扩散层厚度有关。扩散层内的离子不随胶粒一起移动，所以在吸附层和扩散层的界面处出现了 ξ 电位。

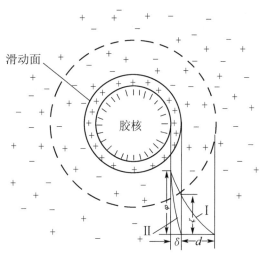

图2-1 胶体双电层结构示意

2. 混凝机理

胶体颗粒在水分子的作用下，做不规则的布朗运动，原水中胶体表面又都带有负电荷，布朗运动使胶粒之间有相互碰撞的机会，但是带负电荷胶体之间的斥力使两者不能接近而结成较大的颗粒，所以长期在水中处于悬浮状态而不能下沉，即所谓的"胶体稳定性"，如图2-2a所示。

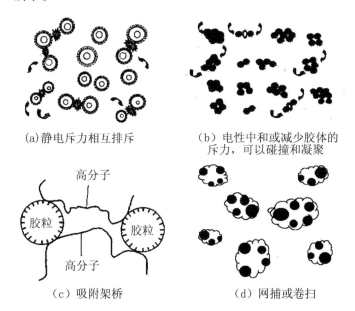

(a)静电斥力相互排斥

(b)电性中和或减少胶体的斥力，可以碰撞和凝聚

(c)吸附架桥

(d)网捕或卷扫

图2-2 混凝机理

水中加入混凝剂以后，生成了氢氧化铝或氢氧化铁的胶体，例如硫酸铝水解时可生成氢氧化铝胶体，其表面带正电荷，铁盐可以生成带正电荷（FeO^+）的胶体，这些带正电

荷的水解产物，可与负电荷胶体的电荷中和，ξ 电位有所减少或为零，这样胶体颗粒相互间的斥力下降而凝聚，见图 2-2b。

如果投加的混凝剂量足以使扩散层的厚度为零，则胶体间的吸引力将大于斥力，胶体每次碰撞都会凝聚，使胶体颗粒可以结大，结大到一定大小后的颗粒将不再受到布朗运动的影响。这种消除和降低胶体的稳定性，使胶体能在碰撞时相互结合的过程称为脱稳。但是投加的混凝剂量过多也不好，因为这时胶体结构发生变化，可能使原来带负电荷的胶体成为带正电荷的胶体，凝聚效果可能反而下降，有时浑水难以变清，矾花大而疏松，甚至出水呈现乳白色，就是这一原因，运行时混凝剂量应适当，不能认为投药越多效果越好。

除了上述带负电胶体与铝盐、铁盐正电荷胶体因电性中和和 ξ 电位降低失去稳定性而相互吸引，形成网状结构的絮体，即矾花外，高分子物质如聚丙烯酰胺则有另外的作用。聚丙烯酰胺是线性的分子结构，每一大分子由许多链节组成，链节可以带正电荷或负电荷，分别称为阳离子型和阴离子型，也可以不带电荷，称为非离子型高分子混凝剂。高分子物质和胶粒之间有吸附架桥作用，见图 2-2c，线性结构可以将胶粒粘连起来，但是高分子物质投加不足时，架桥效果就差，过量投加或强烈搅拌时，高分子物质将包围在胶粒四周，使胶体不能凝聚，又趋稳定，而正确的投药量需根据原水水质通过实验得出。

当大量投加铝盐或铁盐时，相应地会生成大量的铝、铁氢氧化物沉淀，这种沉淀物可以网捕或卷扫水中的胶粒，一起下沉，如图 2-2d 所示。

在水的混凝时，以上机理几乎同时存在，其主次程度根据原水水质、混凝剂种类和投加量不同而异。

现将混凝过程的几个阶段，列于表 2-1 以供参考。

表 2-1　混凝过程的几个阶段

阶段	凝聚			絮凝	
过程	混合	脱稳		异向絮凝	同向絮凝
作用	药剂扩散	混凝剂水解	杂质脱稳	脱稳胶体聚集	微絮粒的进一步碰撞聚集
动力	质量迁移	溶解平衡	各种脱稳机理	分子热运动（布朗扩散）	液体流动的能量消耗
处理构筑物	混合池（器）				反应池
胶体状态	原始胶体	脱稳胶体		微絮粒	絮粒

（二）混凝剂和助凝剂

1. 混凝剂

混凝剂是投加到原水中使胶体脱稳而相互凝聚成矾花的化学药剂。应用于饮用水处理的混凝剂应符合：混凝效果好；对人体健康无害；使用方便；货源充足，价格低廉。

混凝剂的种类很多，按化学成分可分为无机和有机两大类。无机混凝剂主要有铝盐、铁盐和它们的水解聚合物，在水厂中用得最多。无机混凝剂分为普通无机混凝剂（如硫酸铝、三氯化铁、硫酸亚铁等）和聚合无机高分子混凝剂（如聚合氯化铝、聚合硫酸铝、聚合硫酸铁、聚合氯化铁等）。

2. 助凝剂

当单独使用混凝剂不能取得良好效果时，需投加某种辅助药剂以提高混凝效果，这种药剂称助凝剂。助凝剂大体可以分成两大类：

（1）调节或改善混凝条件的药剂

当原水碱度不足时可以加石灰或烧碱以提高水的 pH 值；当原水受污染，如有机腐殖质或藻类含量高时，可加氧化剂如氯气、臭氧以破坏有机胶体，杀灭藻类，促进混凝。这类药剂本身不起混凝作用，但能起到辅助混凝的作用。

（2）改善絮体结构的高分子助凝剂

当水中加入混凝剂后产生的絮体细小而松散时，可加入高分子助凝剂，利用高分子助凝剂强烈的吸附架桥作用，使絮体变得粗大而紧密。常用的高分子助凝剂有聚丙烯酰胺、活化硅酸（水玻璃）、骨胶等。当处理低温、低浊或高浊水时投加高分子助凝剂效果尤为明显。

部分常用混凝剂及助凝剂的主要性能说明见本章第四节内容。

（三）混凝剂的投加及投加量的确定

1. 投加方式

混凝剂的投加方式分为干投法和湿投法两种。干投法是将固体混凝剂研碎成粉末后，用干投机加到水中，国内采用较少。目前普遍采用的是湿投法，如果是液体混凝剂可直接加水配成所需浓度的溶液后投加。固体混凝剂应先行溶解，配成一定浓度的溶液，定量投加到水中进行混合。根据溶液池与加药点的相对高程差，湿投法可以采用重力投加、水射器投加、加药计量泵投加等方法。

重力投加适用于各种水量的水厂，药剂可投加在水泵吸水管、吸水井内的吸水管喇叭口或水泵压力水管内，见图 2-3 和图 2-4。投在压力管内时，溶液池应有足够的标高，池底应高出絮凝池或澄清池水面。重力投药时，药液管应尽量按最短线路敷设并且避免曲折，以减少药液管阻塞和气阻的可能。

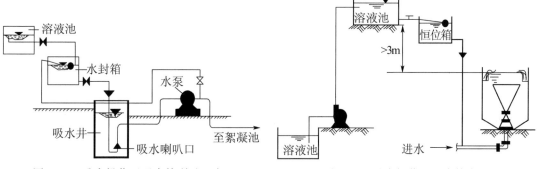

图 2-3　重力投药（吸水管喇叭口内）　　　图 2-4　重力投药（压力管内）

压力投加时，药剂投加在压力水管中或标高较高的水处理构筑物内，常用水射器（图 2-5）或加药泵（图 2-6）投加。水射器投加是利用高压水在水射器喷嘴处形成负压将药液射入压力水管。水射器投加的效率较低，当压力水管内压力较高时会使加药困难，因此无论夜间低峰供水或水压不足时，水射器的工作水压都需大于 0.25MPa，否则应有增压泵加压，输送的溶液应为澄清液，不宜含有悬浮颗粒，以免堵塞管道。加药泵只能输送澄清后的溶液，不能含有引起堵塞的杂质，适用于大型水厂，可以定量投加，不受压力管压力所限，但价格较高。如投药量大时，可用耐酸泵投加，并用转子流量计确定溶液投加量，见图 2 - 7。中小水厂可用投药苗嘴和孔板计量。

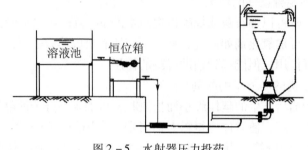

图 2 - 5　水射器压力投药

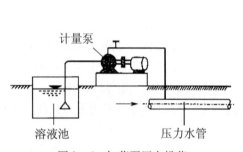

图 2 - 6　加药泵压力投药

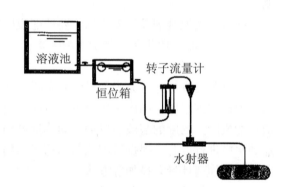

图 2 - 7　转子流量计计量溶液投加量

2. 投加量的确定

混凝剂的投加量，一般先根据原水水质情况通过室内混凝搅拌试验，初步确定适宜的投加量，然后再根据实际情况调整（可根据实际运行过程中矾花凝结情况判断投加混凝剂量是否准确）。为此，在运行管理中要及时掌握原水水质的变化情况，根据不同情况确定混凝剂的准确投加量和使用好必需的助凝剂，从而确保后续净水构筑物的出水水质达到处理要求与节省混凝剂投加量。

（四）混合

混合是将药剂充分、均匀地扩散于水体的工艺过程。混合设备的基本要求是，药剂与水的混合必须快速均匀，混合时间一般为 10 ~ 60s。混合设备种类较多，我国常用的归纳起来有三类：水泵混合、静态混合器混合、机械混合池混合。

1. 水泵混合

水泵混合是我国常用的混合方式。药剂投加在取水泵吸水管或吸水喇叭口处，利用水泵叶轮高速旋转以达到快速混合目的。水泵混合效果好不需另建混合设施，节省动力，大、中小型水厂均可采用。但当采用三氯化铁作为混凝剂时，若投加量较大，药剂对水泵叶轮可能有轻微腐蚀作用。当取水泵房距水厂处理构筑物较远时，不宜采用水泵混合，因为经水泵混合后的原水在长距离管道输送过程中，可能过早地在管中形成絮凝体。已形成的絮凝体在管道中一经破碎，往往难以重新聚集，不利于后续絮凝，且当管中流速低时、絮凝体还可能沉积管中。因此、水泵混合通常用于取水泵房靠近水厂处理构筑物的场合，两者间距不宜大于150m。

2. 静态混合器混合

在管道中安装静态混合器可以进行快速混合，在几种药剂需要顺序投加时，应用静态混合器特别有效果并且价格适宜。但是静态混合器是靠水流的能量进行混合，如果要调节输入的水流能量并没有变速机械混合器那样灵活，所以混合器内必须有最小允许的流量。如果流量低于最小值，混合效果必然会有影响，另一方面在较高流量时，虽然混合效果良好，但这时经过混合器的水头损失也大，必然增加能量费用。考虑到水头损失，静态混合器通常安装在水厂内水压较高的原水进入处。为了保证较好的混合效果，最好通过静态混合器的流量接近于它的设计流量，但是水厂的流量是变化的，并且不能随意变动，超出设计流量的情况总是难免的，这就体现了静态混合器的不足之处。

静态混合器（图2-8）适用于产水量变化较小的水厂，主要是为了保证混合的效果。它安装在靠近絮凝池的进水管上。混合器中装有方向固定的钢板或玻璃钢制桨叶1～4个，相邻两浆叶之间有一定的角度。加过药剂的水经过静态混合器的紊动混合，可以达到较好的混合效果，并且基本上不需要维修保养。静态混合器根据流速大小，一般水头损失在0.3～2.0m范围内。静态混合器的缺点是混合强度随流量或流速的变化而改变，当管内流速增大时，虽对提高混合效果有利，但从减小水头损失和节约能量考虑，流速也不应过大。因静态混合器的口径固定不变，所以当水厂产水量发生较大变动时，会影响到混合效果。

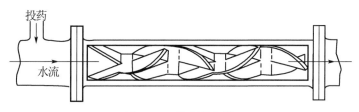

图2-8　静态混合器

3. 机械混合池混合

机械混合池是在池内安装搅拌装置，以电动机驱动搅拌器使水和药剂混合的。搅拌器可以是桨板式、螺旋桨式或透平式。桨板式适用于容积较小的混合池（一般在2m³以下），其余可用于容积较大混合池。搅拌功率按产生的速度梯度为700～1000s⁻¹计算确定。混合时间控制在10～30s以内，最大不超过2min。机械混合池在设计中应避免水流同步旋转而降低混合效果。机械混合池的优点是混合效果好、且不受水量变化影响，适用于各种规模的水厂。缺点是增加机械设备并相应增加维修工作。

（五）影响混凝的因素

影响混凝效果的因素很多，但以原水的pH值、碱度、杂质成分和浓度等为主，现分别叙述如下。

1. 水温的影响

水温对混凝剂的水解作用有影响，当水温在5℃以下时，混凝剂的水解速度变得缓慢，凝聚作用显著下降。在15℃以下时，易生成无定性松散体，矾花细小，不易沉淀

（所以冬天，沉淀池内的水易产生跑矾花现象）。其原因主要在两个方面，一是无机盐类混凝剂水解是吸热反应，水温低时，无机盐混凝剂水解困难。二是在低温下，水的粘度大，水中杂质微粒布朗运动强度减弱，彼此碰撞机会减少，不利于脱稳胶粒相互凝聚。同时，水的粘度大时，水流剪力增大，影响絮凝体的形成。

为提高低温水的混凝效果，常用的办法是：①增加混凝剂投量，以改善颗粒之间的碰撞条件。②投加高分子助凝剂，使矾花的强度增强。③投加粘土使矾花的重量增加。

2. 水的碱度和 pH 值的影响

碱度是指天然水中重碳酸根离子（HCO_3^-）、碳酸根离子（CO_3^{2-}）、氢氧根离子（OH^-）含量的大小程度。一般水中都有足够的碱度，主要成分为重碳酸根。

由于水中投入混凝剂后，因混凝剂的水解，使水中 H^+ 浓度增加，从而降低 pH 值，阻碍了水解过程的进行，应有碱性物质与之中和。天然水中含有一定的碱度，可以使混凝剂水解后产生的 H^+ 排除，使混凝作用能顺利进行：

$$HCO_3^- + H^+ \longrightarrow H_2O + CO_2 \uparrow$$

如果水中碱度不足，或者混凝剂投加量过大，以致水中碱度无法满足要求时，就会使反应进行得不充分，结成的絮凝体颗粒很小，此时就要进行碱化处理，向水中投加碱性物质，常用药剂有石灰和氢氧化钠。

各种混凝剂都有一个合适的 pH 值使用范围，因为水的 pH 值不同，即水中所含 H^+ 浓度不同，混凝剂在水中的状态不同。以硫酸铝为例，硫酸铝溶于水后，立即离解出 Al^{3+}，然后 Al^{3+} 进行如下一系列水解反应。

$$Al^{3+} + H_2O \Longleftrightarrow Al(OH)^{2+} + H^+$$
$$Al(OH)^{2+} + H_2O \Longleftrightarrow Al(OH)_2^+ + H^+$$
$$Al(OH)_2^+ + H_2O \Longleftrightarrow Al(OH)_3 \downarrow + H^+$$

当水中存在大量 H^+，使水的 pH 值降到小于 4 时，氢氧化铝就会溶解，此时硫酸铝以大量铝离子形式存在。铝离子没有吸附架桥作用，不能使水中杂质粘结在一起，因此混凝效果不好。为了提高混凝效果，必须调整 pH 值，可以投加石灰或氢氧化钠，以提高pH 值。

3. 原水中杂质成分及浓度的影响

原水中杂质成分复杂，各种不同的水源水中杂质都不相同，所以对混凝剂的投加量也各不相同，混凝效果也有差别。但是对于一般以去除浑浊度为主的地表水来说，主要的水质影响因素是水中悬浮固体和碱度。现就悬浮固体颗粒的含量简述如下：

原水悬浮颗粒含量不仅对絮凝阶段有影响，对凝聚阶段也有明显的影响。铝盐或铁盐混凝剂的凝聚，可以通过吸附或网捕的方式来达到，而两者对悬浮颗粒含量的关系正好相反。利用吸附和电中和来完成凝聚时，混凝剂的加注量与悬浮颗粒含量成正比，但当加注过量时，将使胶体系统的电荷变号而出现再稳。沉析物网捕所需混凝剂的加注量则与悬浮颗粒浓度成反比，且不出现再稳。

根据原水的碱度和悬浮物含量，组合成给水处理中常遇到的以下三种处理类型：

（1）悬浮物含量高而碱度低

加入混凝剂后，系统 pH < 7，此时，水解产物主要带正电荷，因而可通过吸附与电中和来完成凝聚。对 Al^{3+} 最好的 pH 值应在 6～7 之间。

（2）悬浮物含量及碱度均高

当碱度高，以致加入混凝剂后 pH 值仍达 7.5 或以上时，混凝剂的水解产物主要带负电，不能用吸附和电中和来达到有效凝聚。此时，一般采用沉析物网捕的方法，需投加足量的混凝剂。采用聚合氯化铝常可获得较好效果。

（3）悬浮物含量及碱度均低

这是最难处理的一种系统。虽然此时混凝剂可形成带正电荷的水解产物，但由于悬浮颗粒浓度太低，碰撞聚集的机会较少，难以达到有效凝聚。如利用沉析物网捕的机理，则因溶液的 pH 值降得很低，要达到金属氢氧化物过饱和浓度所需的混凝剂量比碱度高的要大得多。对于这种类型的原水，常采用转化为其他类型的原水来处理。例如给原水增加碱度转化为悬浮物含量低而碱度高的水，或既增加碱度又增加悬浮物浓度而变为悬浮物含量及碱度均高的水。

4. 外部水力条件的影响

从胶体混凝的基本概念得知，胶体颗粒凝聚有两个基本必要条件，一是使胶体微粒脱稳，二是使脱稳的胶粒相互碰撞。混凝剂的主要作用是使胶体脱稳，而外部水力搅动是保证胶体微粒能充分与混凝剂充分接触，使胶体颗粒相互合理碰撞。要使胶体微粒能与混凝剂充分接触，必须在混凝剂投入水中后使之迅速均匀地分散到水体各部分中去，俗称快速混合，要求在 10～30s 内将药剂和水充分混合，至多不超过 2min。在这段时间内脱稳过程已完成，并借微粒的布朗运动及水的搅动，脱稳颗粒相互凝聚。随着凝聚过程的进行，形成了含水量大结构松散的絮体，水的搅动作用应相应减弱，因为过大的搅动力将破坏絮体，使之破碎而不易沉淀。因此在混凝过程中恰当地掌握外部水力条件，把握适当的搅动力度是非常重要的。

（六）絮凝池的形式及操作要点

1. 絮凝的基本原理

絮凝是在混凝剂和水快速混合以后的重要净水工艺过程。这时，水中胶体颗粒已经失去稳定性，开始相互发生絮凝，逐渐结合成为肉眼可见的矾花。因为混合的时间非常短暂，形成的絮粒很小，肉眼基本上看不到，这种微小絮粒在沉淀池中很难下沉，或者说需要沉淀的时间太长，这就需要絮凝过程，为微小的絮粒创造相互碰撞、长成大颗粒矾花的条件，使其能在沉淀或过滤时去除。絮凝的过程可分成两个阶段：

（1）水中脱稳的胶体颗粒还小，只能在水分子随意的布朗运动作用下，带动颗粒相互碰撞而凝聚形成细小的絮粒，这种由布朗运动所造成的颗粒碰撞聚集称为"异向絮凝"。

（2）当絮粒大于 $1\mu m$ 时，布朗运动已经消失，由水流的紊动和水层之间的流速差产生的速度梯度，使颗粒进一步碰撞结成大颗粒的矾花，这种由流体运动所造成的颗粒碰撞聚集称为"同向絮凝"。

在絮凝阶段，主要靠机械或水力搅拌促使颗粒碰撞凝聚，故以同向絮凝为主。进行絮凝的净水构筑物称为絮凝池，也叫作反应池。

2. 絮凝池形式

絮凝池的基本要求是：原水与药剂经混合后，通过絮凝池应形成肉眼可见的大的密实絮凝体。

絮凝池形式较多，概括起来可分成水力絮凝和机械絮凝两大类，各有其优缺点。水力絮凝池投资较省，无需动力设备，运行管理方便，但流量变化时难以保证应有的速度梯度，以致影响到絮凝效果。机械絮凝池内的搅拌浆可以增加絮体接触机会，以形成结实的矾花，效果较稳定，搅拌强度不受流量变化的影响，但基建投资较大，特别是供水量小时更为明显，此外，还会增加机电设备的维修工作量，万一机械设备发生故障以致停用时，立刻会影响出水水质。

以下对水厂应用较多的水力絮凝池进行介绍，水力絮凝池主要有以下两种：

（1）隔板絮凝池

隔板絮凝池总是和平流沉淀池或斜管沉淀池合建在一起，中间用花墙分隔，而不是分成两池再用管道连接。

隔板絮凝池是在池内布置隔板，水平方向的水流沿着隔板流动。隔板布置成两种形式（图2-9），一种是水流沿隔板来回往返，称为往复式；另一种是水流从池中间进入，然后沿着回转的隔板流到外侧，称为回转式，池中间的水位最高，池外侧的水位最低，水位差等于池中的水头损失。在回转式絮凝池出口处，由导流板将水流分成两路，再经穿孔墙进入沉淀池。

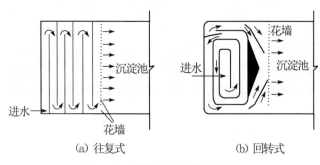

（a）往复式　　　　　　　　（b）回转式

图2-9　隔板絮凝池平面布置

往复式和回转式各有优缺点。往复式在转弯处水头损失较大，容易使矾花破碎。回转式在转弯处水头损失较小，虽然可以避免矾花破碎，但是减少了颗粒碰撞机会，难免会影响絮凝速度。根据实际应用表明，两者相比，回转式隔板絮凝池的絮凝效果较好。

《室外给水设计规范》（GB 50013—2006）对隔板絮凝池设计参数的有关规定为：①絮凝时间宜为20～30min；②絮凝池廊道的流速，应按由大到小渐变进行设计，起端流速宜为0.5～0.6m/s，末端流速宜为0.2～0.3m/s；③隔板间净距宜大于0.5m，以便于施工和清洗检修。

隔板絮凝池通常应用于大、中型水厂，因水量小时，隔板间距过狭不便施工与维修。隔板絮凝池的优点是构造简单，管理方便。缺点是流量变化大的时候，絮凝效果不稳定，与折板及网格絮凝池相比，因水流条件不太理想，能量消耗（即水头损失）中的无效部分比例较大，故絮凝时间需较长，池子容积较大。

广州市自来水公司所采用的隔板絮凝池均为回转式隔板絮凝池（见图2-10），主要应用于西×水厂一号系统3号絮凝池、江×一厂二期系统絮凝池、新×水厂二期系统絮凝池。

图 2-10　回转式隔板絮凝池

（2）网格絮凝池

网格絮凝池总是和平流沉淀池或斜管沉淀池合建在一起，中间用花墙分隔，而不是分成两池再用管道连接。

网格絮凝池的平面布置由多格竖井串联而成。絮凝池分成许多面积相等的方格，各竖井之间的隔墙上，上、下交错开孔。在全池约 2/3 的分格内，按垂直水流方向放置网格，网格数自进水端至出水端逐渐减少。进水水流顺序从上一格流向下一格，上下对角交错流动，直至出口。当水流通过网格或栅条时，相继收缩、扩大，形成良好絮凝条件。

《室外给水设计规范》（GB 50013—2006）对网格（栅条）絮凝池设计参数的有关规定为：①絮凝时间宜为 12～20min，用于处理低温或低浊水时，絮凝时间可适当延长；②絮凝池竖井流速、过栅（过网）和过孔流速应逐段递减，分段数宜分三段，流速分别为：竖井平均流速，前段和中段 0.14～0.12m/s，末段 0.14～0.10m/s；过栅（过网）流速，前段 0.30～0.25 m/s，中段 0.25～0.22m/s，末段不安放栅条（网格）；竖井之间孔洞流速：前段 0.30～0.25m/s，中段 0.20～0.15 m/s，末段 0.14～0.10 m/s。

网格絮凝池效果好，水头损失小，絮凝时间较短。不过，也存在末端池底积泥现象，国内个别水厂发现网格上滋生藻类，堵塞网眼现象。

目前，广州市自来水公司除了西×水厂一号系统 3 号絮凝池，西×水厂二号系统、江×一厂二期系统絮凝池、新×水厂二期系统絮凝池外，其余各厂各系统的絮凝池均采用网格絮凝池（见图 2-11～图 2-13）。

图2-11 网格絮凝池内竖井

图2-12 竖井内放置的木网格

图 2-13　网格絮凝池

3. 絮凝池的操作要点

根据絮凝原理，为实现良好絮凝，无论采用何种形式的絮凝池，水厂运行时均应注意以下几点：

（1）根据原水水质投加适当品种和合适数量的混凝剂，药剂投加量随水质和水量的变化而改变，必要时投加助凝剂。

（2）当原水的 pH 值影响到絮凝池的处理效果时，应在原水中加碱等来调节进水的 pH 值，以满足水质要求。

（3）原水与混凝剂混合后应尽快进入絮凝池，如在管道（渠）中停留时间过长会过早形成矾花，且矾花易碎不稳定，影响絮凝效果。因此，应结合所用的混凝剂特性，根据原水管（渠）流速，合理确定投加点和混合器的设置位置。

（4）絮凝池中的积泥应适时排除，否则会使过流断面减小，破坏水力条件，影响絮凝效果。

二、沉淀（澄清）

（一）沉淀的形式

水中的悬浮颗粒依靠重力作用，从水中分离出来的过程称为沉淀。在给水处理中，设置沉淀工艺是为了去除包括矾花在内的悬浮固体颗粒，以保证后续滤池的合理工作周期和滤后水的质量。

按照水中固体颗粒的性质，有以下两种沉淀形式：

1. 自然沉淀

自然沉淀的特点是，颗粒在沉淀过程中不改变其大小、形状和密度。对于泥砂含量较高的水源，往往为节省投药费用，在混凝处理以前首先使大量固体颗粒在预沉淀池中下沉，这种工艺属于自然沉淀。

2. 混凝沉淀

在沉淀过程中，颗粒由于相互接触絮凝而改变其大小、形状和密度，这种过程称为混凝沉淀。当原水的固体颗粒较小，特别是含有较多的胶体颗粒时，必须先经混凝处理，使之形成较大的絮凝体再沉淀，这种工艺属于混凝沉淀。

在沉淀过程中，固体颗粒与水之间由于相对运动而产生的摩擦力对沉淀规律影响很大。颗粒的运动可分解为：在水流挟带下颗粒沿水流方向前进；在重力作用下克服水的浮力和摩擦力而下沉。

（1）颗粒在水平水流中下沉

如图 2 - 14 所示，颗粒 P 为水平水流所挟带，一方面以水平分速 v 前进，一方面又靠着重力以垂直分速 u 下沉。颗粒的运动轨迹为合速度 v_p 所指向的一条倾斜曲线，最后颗粒沉到池底。平流沉淀池就属于这一种类型。

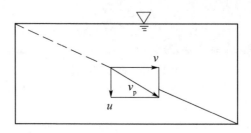

图 2 - 14　颗粒在水平水流中下沉

（2）颗粒在上升水流中下沉

在上升水流中，颗粒的沉速取决于水流的上升流速与颗粒在静水中沉速的合速度。见图 2 - 15。

当颗粒在静水中的下沉速度 u 大于水流上升流速 v 时，颗粒能够持续下沉。立式沉淀池就是依靠这种作用。

当水流上升流速 v 与颗粒在静水中下沉速度相等时，颗粒处于悬浮状态。一群比较密集的颗粒群均处于悬浮状态，便形成悬浮层。悬浮层提供了接触絮凝介质的作用。水流挟带的微絮体通过悬浮层时便从水中分离出去。有些澄清池就是依靠这种作用。

（3）颗粒在倾斜水流中下沉

颗粒在倾斜水流中下沉（见图 2 - 16），颗粒运动方向为斜向水流流速与垂直沉速的合速度方向，颗粒碰到底板即被去除。斜板（斜管）沉淀池就是依靠这种作用。

水厂采用的沉淀池类型不是很多，广州市自来水公司采用的沉淀池主要有平流沉淀池和斜管沉淀池。选用沉淀池形式时，主要从水厂规模、占地面积、造价、运行管理方便程度等考虑，还要考虑和前后净水构筑物的配合。除了有地形条件可以利用的情况外，滤池形式往往可影响选用的沉淀池形式。

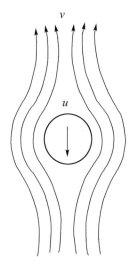

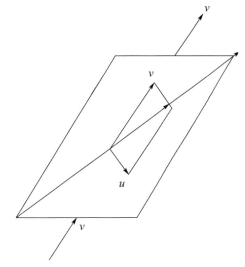

图 2 - 15　颗粒在上升水流中下沉　　　　图 2 - 16　颗粒在倾斜水流中下沉

（二）平流沉淀池

平流沉淀池是应用较多的一种净水构筑物。它是一个矩形的池子，可用砖石或钢筋混凝土建造，也可用土堤围成。它构造简单，造价较低、操作管理方便、处理效果稳定且具有较大潜力，但占地面积大。由于采用了机械排泥，解决了以前排泥难的问题，目前应用较广泛。

平流沉淀池可用于自然沉淀或混凝沉淀，以下着重介绍混凝沉淀的情况。

1. 原理

经混凝反应后的原水，不断进入沉淀池，水平流向出口，水中絮粒同时受到水平流向颗粒和重力下沉两个作用。根据力的合成法则，以矢量表示的两个分力为相邻两边构成的平行四边形的对角线就是这两个力的合力，见图 2 - 17。因此，絮粒形成倾斜向下的合成流向，在到达出口前沉积在池底而被截留下来，少量细小絮粒随水流带出沉淀池，这就是絮粒在平流沉淀池的沉降过程。

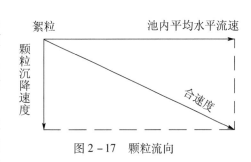

图 2 - 17　颗粒流向

从图 2 - 17 可以看出：

（1）在同样的条件下，池中水流的水平流速越大，则能沉淀的颗粒相应减少。因此，平流沉淀池的水平流速（即指进水量除以沉淀池过水断面积）是设计和运行中的一项重要指标。《室外给水设计规范》（GB 50013—2006）规定：平流沉淀池的水平流速可采用 $10 \sim 25\text{mm/s}$，水流应避免过多转折。

（2）原水由沉淀池进口流到出口所经过的时间，即停留时间（或沉淀时间）也是关系到沉淀效果的一项重要指标，停留时间太短，净水效果较差，停留时间太长，则造价增加。《室外给水设计规范》（GB 50013—2006）规定：平流式沉淀池的沉淀时间，宜为

1.5～3.0h。

（3）增大絮粒的沉降速度，则所需的沉淀时间可缩短，沉淀池的体积可减少。要增加颗粒的沉速，就必须选择适当的混凝剂品种和投加的最佳剂量，并充分发挥反应池的效能。

应当说明，图2-17所示的颗粒沉降情况是理想的条件。由于沉淀池进出口水流的紊动作用，水平流速分布的不均匀，不同颗粒垂直的水平碰撞结绒以及水温或进水水质变化等因素均将影响颗粒的运动情况，所以混凝沉淀的絮粒沉降轨道并非是倾斜的直线，而是曲线，如图2-18中曲线所示的一种情况。

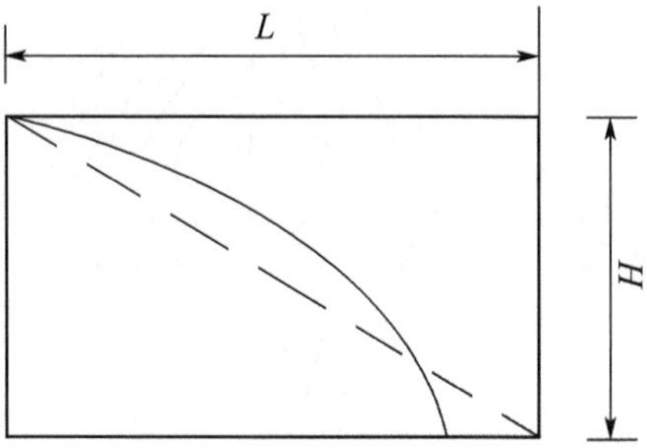

2. 构造

平流沉淀池的构造见图2-19，按功能可分为

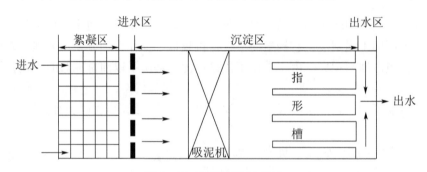

图2-18 颗粒沉降曲线

四个区，即进水区、出水区、沉淀区和积泥区。合理的进、出口布置能减小池内的短流，减小进水区和出水区所占体积，并能增大沉淀池的有效沉淀容积。

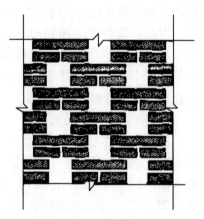

图2-19 平流沉淀池分区

（1）进水区

进水区的作用：将反应池内已混凝的原水引入沉淀区。要求：①进水均匀地分布在沉淀池整个断面上，使水流的流域水平且互相平行，力求避免股流和偏流。②减少进水紊动，有利于絮粒沉淀和防止积泥冲起。

措施：通常是在进水端设穿孔墙（图2-20），开孔的总面积与孔口流速有关，孔口流速不宜太大，以免容易造成矾花破碎。孔口的总面积也不应太大，否则使孔口流速过低，穿孔墙就不能起到均匀布水的作用。穿孔墙上的孔口最好做成顺水流方向扩大的喇叭形，这样水流过孔口时，流速逐步变小，矾花不易破碎。经过穿孔墙进入沉淀池的水流，由一束束的孔口射流扩散为整个水流断面上的均匀流。这一扩散段长

图2-20 穿孔墙

度与孔口大小有关，如果总开孔面积不变，则孔口尺寸较大而孔口数较少时，扩散段长度

较大。因为扩散段范围内的水流不稳定，使该段内的沉淀效果不好。所以孔口尺寸不宜大。最上一排孔口须经常淹没在水面下 12 ～ 15cm，以适应池中的水位变化。穿孔墙在池底积泥面以上 0.3 ～ 0.5m 处至池底部分不设孔眼，以防止水流冲起积泥。

（2）沉淀区

沉淀区是沉淀池的主体，沉淀作用就在这里进行。其主要尺寸的确定如下：

①池深：平流沉淀池的池深往往取决于水厂净水构筑物的高程布置。根据净水厂的地形标高，所采用的滤池形式以及清水池的有效水深和可能埋置的深度等因素来决定。沉淀池的有效水深可采用 3.0 ～ 3.5m，水面到池顶的超高为 0.3 ～ 0.5m，以适应水量增大时池内水位上升的需要。

②池长：池长决定于水平流速和停留时间。

池的长度根据公式：

池长 L（m）= 3.6 × 池内平均水平流速 v（mm/s）× 沉淀时间 t（h）。

③池宽：由流量、水平流速和池深决定。

$$池宽 B（m）= \frac{计算流量\ Q（m^3/h）}{3.6 × 池内平均水平流速\ v（mm/s）× 水深\ H（m）}$$

为了改善沉淀池的水力条件，平流沉淀池的宽度一般宜为 3 ～ 8 m，但不要大于 15m。平流沉淀池比较宽时，常用导流墙沿纵向分隔，目的是增加水流稳定性，降低紊动性，以提高沉淀效率。如果计算出来的沉淀池宽度较大，可用纵向导流墙将池宽降低到上述范围。

《室外给水设计规范》（GB 50013—2006）对平流沉淀池尺寸的规定：平流沉淀池的有效水深，可采用 3.0 ～ 3.5m。沉淀池的每格宽度（或导流墙间距），宜为 3 ～ 8m，最大不超过 15m，长度与宽度之比不得小于 4；长度与深度之比不得小于 10。

（3）出水区

出水区的作用是将沉淀后的清水引出，出口装置应尽可能收集上层的清水，且在整个池宽方向均匀收集，集水的速度应尽可能避免扰动已沉底的絮体，一般采用堰口布置，或采用淹没式出水孔口。

如图 2 - 21 所示，在平流沉淀池的出口区设置指形槽，即均匀布置几条平行于水流的出水槽，目的就是增加堰的长度，减小出水堰的负荷。由于出水槽两侧都可进水，因此集水堰的总长度很大，相应降低了出水堰的负荷率，也就是说减少了单位堰长的流量。平流沉淀池配水花墙及出水区穿孔集水槽见图 2 - 22 ～图 2 - 23。

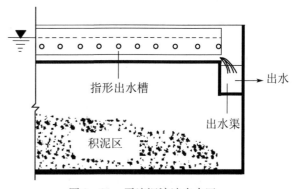

图 2 - 21　平流沉淀池出水区

图 2-22　平流沉淀池配水花墙

图 2-23　平流沉淀池出水区穿孔集水槽

（4）积泥区

积泥区是用来积存沉淀下来的污泥，以便用人工或机械设备及时予以排除。应有的积泥容积取决于进水浊度和排泥间隔时间。及时排泥是沉淀池运转中极为重要的工作，否则积泥厚度升高，会缩小沉淀区过水断面，相应增大水平流速，缩短实际沉淀时间，降低沉淀效果和使水质恶化，而频繁排泥不仅操作管理麻烦，劳动强度大，且耗水率大。

积泥区的构造和排泥方法有关，人工排泥时往往用斗形底，使积泥易于集中排除，但放空清理池底积泥的劳动强度大，会影响水厂正常运行。采用机械排泥时，沉淀池可做成平底，通过排泥装置将池底积泥排出池外，排泥装置由桁车带动沿沉淀池纵向来回移动，排泥比较彻底。目前平流沉淀池基本上均采用机械排泥装置，所以平流沉淀池往往不考虑积泥区，池底水平但略有坡度以便放空。

机械排泥设施主要用机械虹吸排泥车，排泥车需占池体的容积，但排泥可靠，工人劳动强度小，可连续或间断排泥。

图2-24是多口虹吸排泥车。其工作流程：利用沉淀池与排水渠的水位差，以此为虹吸水头。集泥板1、吸口2、吸泥管3、排泥管4成排地安装在桁架5上。整个桁架利用电机和传动机构6通过滚轮11架设在沉淀池壁9的轨道7上行走。在行进过程中将池底积泥吸出并排入排泥沟。

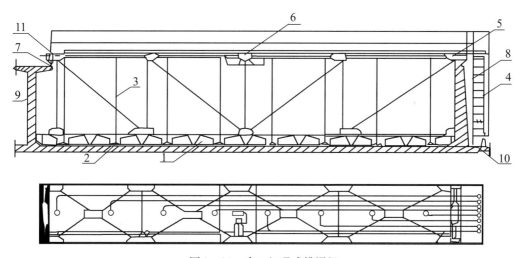

图2-24 多口虹吸式排泥机

1—集泥板；2—吸口；3—吸泥管；4—排泥管；5—桁架；6—电机和传动机构；
7—轨道；8—梯子；9—沉淀池壁；10—排泥沟；11—滚轮

目前，广州市自来水公司西×水厂一号系统的高位沉淀池、西×水厂三号系统沉淀池、江×二厂沉淀池、石×水厂三号系统沉淀池、南×水厂沉淀池、西×水厂沉淀池均采用平流沉淀池，见图2-25。

图 2 – 25　平流沉淀池全貌

3. 平流沉淀池的操作要点

我国新的水质规范中对饮用水的浑浊度提出更高的要求，其限值不超 1NTU，特殊情况下不超过 3NTU，有些水厂要求出厂水的浑浊度为 0.5 ～ 1.0NTU，甚至为 0.3NTU，这样，沉淀池出水的浑浊度要求，需在 2 ～ 3NTU 甚至 1NTU 以下，说明随着水质标准的提高，对沉淀池运行的要求也越来越高。

混凝和沉淀是紧密相连的，没有良好的混凝就不会有良好的沉淀效果，所以平流沉淀池的日常运行管理，应该着重于正确投加混凝剂和及时排泥两个方面。

要做到正确投加混凝剂，需要及时掌握原水水质的变化，弄清楚原水水质变化的规律，特别是受潮汐影响的河流，水质一旦多变，不掌握规律就会出现多加药剂从而产生浪费，或少加药剂影响出水水质的结果。运行时应经常测定原水的浑浊度、水温、pH 值，因为这些都是影响混凝的主要因素，考虑到这些因素才可以及时调整投药量或改变混凝剂品种。

有些水源平时浑浊度不高，但在暴雨后往往浑浊度突然升高，这种情况下，在浑浊度低时还需要投加少量混凝剂，不能为了节约药剂而将原水直接进行过滤，以免过滤水的浑浊度超标，或使滤池过滤周期缩短，以致经常进行反冲洗。

另一方面，及时清除沉淀池中的积泥也是非常重要的。沉淀池要连续稳定地工作，必须及时排除沉淀池底的积泥。定期排泥关系到沉淀池的净水效果，是日常运行管理的重要内容。如果排泥不畅或没有及时排泥，池底积泥过多，会明显影响出水水质。斗底沉淀池的排泥效果不好，往往需定期放空，用压力水冲洗干净，清洗时劳动强度较大，会明显影响出水水质，清泥时劳动强度较大。机械排泥的效果较好，但机械排泥装置如有故障必须及时检修，否则会使积泥越来越多，增加以后清泥的困难。平流沉淀池应根据积泥情况等，每年定期放空清洗。

（三）斜管沉淀池

斜管沉淀池，是一种在沉淀池内放置许多直径较小的平行斜管的沉淀池。特点是沉淀效率高，池子容积小和占地面积小。特别适用于中小型水厂和用地较紧张的地方。同样对于老厂改造、提高水质也有显著效果。

1. 原理

根据平流沉淀池去除分散性颗粒的沉淀原理，一个池子在一定的流量和一定的颗粒沉降速度的条件下，其沉淀效果与池子的平面面积成正比。根据这一理论，过去曾经把普通平流沉淀池改建成多层多格的池子，使沉淀面积增加。但由于排泥问题没有得到解决，因此无法推广。为解决排泥问题，斜管沉淀池发展起来，浅池理论才得到实际应用。

斜管沉淀池是把与水平面成一定角度（一般 60°左右）的管状组件（断面一般为正六角形）置于沉淀池中构成。水流可从下往上或从上往下流动，颗粒则沉于众多斜管底部，而后自动滑落。加设斜管，使颗粒沉淀距离缩短，大大减少沉淀时间。增加斜管后，改善水力条件，提高了水流稳定性，使絮粒与水容易分离，有利于絮粒沉降。

2. 构造

斜管沉淀池按水流和污泥下滑的方向，可分为异向流、同向流和侧向流。目前广州自来水公司用的斜管沉淀池均为异向流，为此，这里仅对异向流斜管沉淀池的构造进行介绍。

异向流斜管沉淀池中，水流从斜管下部进入向上流出，斜管内积泥的下滑方向从上而下，两者方向相反，由于水流从下而上，所以又称为上向流。异向流斜管沉淀池内构造，由下往上依次为积泥区、配水区、斜管区、清水区、集水区。

从絮凝池来的水进入斜管沉淀池的配水区后，向上流过斜管。配水区的作用是使水在斜管区内均匀分布。要保证斜管区配水均匀，斜管下面的配水区应有足够的高度。由于检修时斜管下面要进人，因此配水区高度还要考虑检修需要。

斜管区主要是用来放置斜管。斜管铺设时，倾斜方向不正对水流，以免水流直冲斜管，而以逆向进水为宜。

在斜管沉淀池中安装斜管时，应使斜管顶面至少低于池内水面 1m 以上，以留出清水区的高度，使从斜管流出的清水能均匀地进入集水槽。较深的清水区可以减少阳光对斜管的照射和藻类在斜管上端孳生。

集水区用来收集清水，它的布置要保证出水均匀。斜管沉淀池中，清水从斜管向上流出，集水槽常在整个池面上均匀设置。

《室外给水设计规范》（GB 50013—2006）对斜管沉淀池尺寸的规定：斜管沉淀池液面负荷应按相似条件下的运行经验确定，可采用 $5.0 \sim 9.0 \text{m}^3/(\text{m}^2 \cdot \text{h})$。斜管沉淀池（见图 2-26）的清水区保护高度不宜小于 1.0m；底部配水区高度不宜小于 1.5m。

图 2 - 26　运行中的斜管沉淀池

3. 斜管沉淀池的操作要点

斜管沉淀池的沉淀效率高，水在斜管中的停留时间只有 4 ~ 5min，因此对进水量和水质的瞬时变化比较难以适应。因此，采用斜管沉淀池时，要特别重视絮凝环节，絮凝效果好，出水水质才有保证。生产上一定要加强投药管理，当原水浑浊度和进水量发生变化时，要及时调整加药量，并根据原水水质的季节变化，选择合适的混凝剂。

当供水区域用水量大时，水厂往往超负荷运行，使絮凝池的流速很大，特别是停留时间短的一些絮凝池，不但难以生成大而结实的矾花，甚至部分已生成的矾花也会容易破碎，与此同时，斜管中的流速也相应增大，容易将矾花带到清水区，其中一部分再沉淀并积聚在斜管顶部形成积泥，因此当产水量增大时，应注意斜管沉淀池进水的絮凝效果，及时调整混凝剂投加量。

由于斜管沉淀池清水区中，水的透明度高，又受到阳光照射，斜管的上面容易滋生藻类，特别是在气温较高的地区。虽然一般情况下，藻类滋生不会严重影响斜管沉淀池的运行，但会对出水水质不利。因此在藻类生长季节，可通过在原水中加氯，以抑制藻类生长。

当斜管沉淀池超负荷运行时，斜管内流速增加，矾花难以在斜管内沉淀，常会带出到清水区，然后在斜管上部的壁面上再沉淀，如果不随原水浊度升高而增加排泥次数和排泥时间，将会使斜管顶端积泥越来越多。因此，如发现斜管顶部有积泥或生长藻类，必须及时放掉一部分池水（排放至斜管底部以下约100mm），使斜管的顶部露出水面，然后用压力水冲洗，水流方向对准斜管孔冲洗，以去掉附着的藻块。为了防止斜管壁上长期积泥，应定期将池水放空，用水将斜管和池壁等冲洗干净。

4. 斜管

斜管材质的要求是：无毒无味、轻质、坚固、价廉。广东地区常用的为塑料蜂窝斜管。

塑料蜂窝斜管分为聚丙烯（包括乙丙共聚物）或聚氯乙烯斜管。它是由经机械热压而成型的连续半六边形片材（或管状材）经焊接或粘结而成的具有一定倾斜角度的组件。成品单组斜管的尺寸通常为：长 × 宽 × 斜长 = 1000mm × 500mm × 1000mm，内切圆直径为 25 ～ 35mm，斜管与水平方向的倾角为60°。

六角蜂窝形斜管（见图2 - 27）强度较高，占地结构面积小，重量较轻，支承较为简单。缺点是造价较高，容易老化。

图2 - 27　六角蜂窝斜管

（四）沉淀池的运行管理

为了确保沉淀池出水水质能达到处理要求与节省混凝剂投加量，在运行管理中要及时掌握原水水质的变化情况，根据不同情况确定混凝剂的准确投加量和使用好必需的助凝剂，同时要做好及时排泥。为此必须做好以下几项工作。

1. 要及时掌握原水水质变化情况

混凝剂的投加量与需处理原水水质关系极为密切，因此操作人员对原水的浊度、pH值、碱度必须定时进行测定，便于及时调整混凝剂投加量。

2. 确定混凝剂的投加量

混凝剂的投加量，一般先由化验室根据原水水质情况通过试验，初步确定适宜的投加量，然后再根据实际情况调整。现根据矾花凝结情况如何判断投加混凝剂量准确的方法介绍如下：

（1）浑浊度为200NTU左右的原水，结成的矾花一般是密而结实的颗粒，在反应池进口处已能明显看到。随着流速的减低，矾花逐渐增大，至反应池的后段，颗粒之间界限清楚，形成的水流分离面清晰而透明，看上去像秋天的成堆云块。进入沉淀池后，产生了分离现象，矾花密度随之减低。这种情况一般说明运行正常，投加混凝剂量适宜。

如反应池后段出现泥水分离，矾花密度减低，并且在池中很快就沉淀，这说明投加混凝剂量过量。反之，当反应池中虽然也可看到细小矾花，但在反应池后段和沉淀池进水口处没有泥水分离现象，水面浑浊模糊状，说明投加混凝剂不够。

（2）浑浊度在50NTU以下的原水，结成的矾花一般类似小雪花片形状，密度小、颗粒轻而不结实。在反应池进水口处不能明显见到矾花，至中段和出口处才能看到类似小雪花片的矾花。进入沉淀池后，产生分离现象。这种现象一般说明运行正常，投加混凝剂量适宜。但这种矾花沉降速度缓慢，遇到水流速度过大，风力影响以及在冬季低温时难以沉淀，沉淀池出口处亦会有少量矾花带出，但对出水浊度影响不大。

如沉淀池进水口处已产生泥水分离，水质透明，但出水口处却有大量矾花带出，并呈现乳白色，出水浊度增高，说明投加混凝剂过量。

当反应池出口处和沉淀池进口处见不到类似小雪花状的矾花，同时也没有分离透明现象，则说明投加混凝剂量不够，必须适当增加混凝剂投加量。

（3）当原水浊度已低于10NTU时，根据经验，还需投加少量混凝剂，但只要能看到矾花即可，使沉淀池出水浊度比原水浊度要有所降低，不然细小的悬浮颗粒不易在较高的滤速中被滤层所截留与吸附，造成滤前水与滤后水的浊度几乎相等的现象。

（4）当原水浊度突然增高（一般出现在暴雨后），如在反应池后部矾花很小，而沉淀池进口处表层水却很清，看不见成堆的云状矾花，而在一半以下则看到浑水进入时，说明沉淀池水质即将破坏。后进入的高浊度水由于混凝剂投加量不足，大部分的悬浮杂质充分凝聚，而潜入沉淀池下部，原来低浊度的水停留在沉淀池上层，因而产生上清下浑的现象。待清水逐步流走后，浑浊水开始向上流动，大部分出现在沉淀池中间或出口处，这就是所谓异重流现象。当产生上述情况时，应迅速投加过量混凝剂。若原水碱度不足，还应适量加碱。过量投加混凝剂与投碱的延续时间应持续到水质好转为止。

（5）当原水藻类含量较高时，为了提高混凝效果，在投加混凝剂前，应先加氯；加氯量与加矾量可通过化验室试验来确定。

（五）澄清

澄清是利用原水中的颗粒和池中积聚的活性泥渣相互碰撞接触、吸附、结合，然后泥水分离，使原水较快地得到澄清。澄清池是将混凝和泥水分离两个过程综合在一起的净水构筑物。当脱稳杂质随水流与泥渣层接触时，便被泥渣层阻留下来，使水获得澄清。这种把泥渣层作为接触介质的过程，实际上也是絮凝过程，一般称为接触絮凝。在絮凝的同时，杂质从水中分离出来，清水在澄清池上部被收集。

澄清池按泥渣的情况分为泥渣悬浮型澄清池和泥渣循环（回流）型澄清池。

1. 泥渣悬浮型澄清池

泥渣悬浮型澄清池又称泥渣过滤型澄清池。它的工作情况是加药后的原水由下而上通过悬浮状态的泥渣层时，使水中脱稳杂质与高浓度的泥渣颗粒碰撞凝聚并被泥渣层拦截下来。这种作用类似过滤作用。浑水通过悬浮层即获得澄清。由于悬浮层拦截了进水中的杂质，悬浮泥渣颗粒变大，沉速提高。处于上升水流中的悬浮层亦似泥渣颗粒拥挤沉淀。上升水流使颗粒所受到的阻力恰好与其在水中的重力相等，处于动力平衡状态。

泥渣悬浮型澄清池常用的有悬浮澄清池和脉冲澄清池。

广州市自来水公司目前仅在西×水厂二号净水系统中应用脉冲澄清池。下面对脉冲澄清池的工作原理等进行介绍。

脉冲澄清池的特点是在池的进水处设置脉冲发生器，使进水为时断时续的脉冲式，而不是连续进水。这种周期性的进水量改变，可使泥渣经常保持在悬浮状态，而泥渣层一会儿膨胀一会儿收缩，有利于泥渣层的接触絮凝，根据这种进水特点，所以叫作脉冲澄清池。

脉冲澄清池上部是脉冲发生器，发生器有不同的形式，如真空式、虹吸式。尽管发生器的形式不同，但池体部分的构造基本上相同。下面仅对目前广州市自来水公司在用的钟罩虹吸式脉冲澄清池的构造及运行过程进行介绍（见图2-28）。

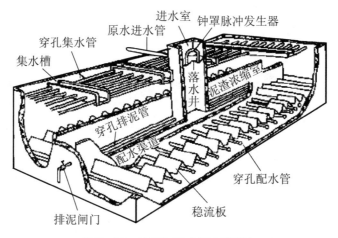

图2-28 钟罩虹吸式脉冲澄清池

加药后的原水由进水管进入进水室，在脉冲发生器作用下，进水室按一定时间间隔充水和放水。放水时，进水室中的水从落水井流向池底的配水渠，经配水渠上的配水管的孔口高速射流，在人字形稳流板下，药剂和水进行混合，随后水流经人字板间的孔隙向上流，通过悬浮泥渣层时，水中杂质在此絮凝、吸附并被拦截下来。清水经池上面的集水槽汇集后，流向滤池过滤。配水渠上设置的泥渣浓缩室，它可以做成排泥渠或多个排泥斗的形状，脉冲发生器放水时，泥渣层膨胀就有多余泥渣因扩散作用进入浓缩室，因此可保持泥渣层的高度较少变化。浓缩室中的水并不流动，所以泥渣很快在此下沉，经过浓缩的污泥，可定期打开排泥阀门，经排泥管排到池外。

钟罩虹吸式脉冲发生器（见图2-29）的工作特点：加药后原水从进水管进入进水室，室内水位逐步上升，水位超过破坏孔口时，空气入口被封闭，钟罩内空气逐渐被压缩。当水位超过中央管顶时，部分原水溢流入中央管，由于溢流作用，将压缩在钟罩顶部的空气逐步带走，形成真空而发生虹吸作用，进水室的水迅速通过钟罩、中央管进入配水系统。当进水室水位下降到低于破坏孔口（即低水位）时，因空气进入，虹吸被破坏，进水室停止向配水系统进水，这时进水室水位重新上升，继续进行周期性的脉冲动作。原水溢流入中央管时带进的空气，在落水井（或称气水分离室）中分离后由排气管溢出。

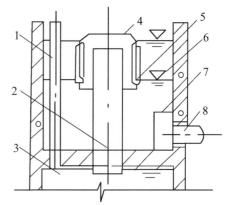

图2-29 钟罩虹吸式脉冲发生器
1—排气管；2—中央管；3—中央竖井；
4—钟罩；5—虹吸破坏口；6—进水室；
7—挡水板；8—进水管

《室外给水设计规范》（GB 50013—2006）对脉冲澄清池设计参数的有关规定有：①脉冲澄清池清水区的液面负荷，应按相似条件下的运行经验确定，可采用 $2.5 \sim 3.2 m^3 / (m^2 \cdot h)$。②脉冲周期可采用 $30 \sim 40 s$，充放时间比为 $3:1 \sim 4:1$。

脉冲澄清池在我国20世纪70年代设计较多，但现在新设计的水厂已经用得不多，其中主要原因是其处理效果受水量、水质和水温影响较大，构造较复杂。此外，要保持脉冲澄清池的正常运行，控制脉冲发生器的充水和放水时间的比例是很重要的，可是现有发生器难以做到这点。已建的脉冲澄清池（见图 2-30），有的池子或是改建，或是在池中增设斜管以提高效果。

图 2-30　脉冲澄清池

2. 泥渣循环（回流）型澄清池

泥渣循环（回流）型澄清池是利用机械或水力作用，使部分活性泥渣循环回流，以增加和杂质的接触碰撞和吸附机会，提高混凝效果。

泥渣循环型澄清池有机械搅拌澄清池和水力循环澄清池。

下面对国内水厂应用的高密度澄清池进行介绍。

高密度澄清池（Densadeg）是法国得利满公司开发出的一项先进专利澄清技术，该池型由混合絮凝区、推流区、泥水分离区、沉泥浓缩区、泥渣回流及排放系统组成，其构造见下图。该工艺具有紧凑、高效、灵活的优势，应用面广泛，适用于饮用水生产、污水处理、工业废水处理和污泥处理等领域。

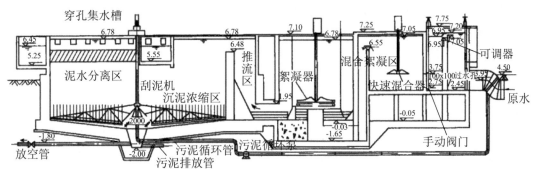

图 2 - 31　高密度澄清池

原理：采用回流污泥，回流量占处理水量的 5%～10%，发挥了接触絮凝作用。在絮凝区及回流污泥中投加高分子混凝剂有利于絮凝颗粒聚结沉淀。沉淀出水经过斜管沉淀区，较大的沉淀面积进一步沉淀分离出水中细小杂质颗粒。下部设有污泥浓缩区，根据污泥浓度定时排放。排放污泥含固率在 3% 以上，可直接进入污泥脱水设备。

三、过滤

（一）过滤概述

过滤是原水（沉淀后的水）通过滤料（如无烟煤、石英砂等）以去除水中悬浮杂质使水变清的过程。过滤的功效，不仅在于进一步降低水的浊度，而且水中有机物、细菌乃至病毒等将随水的浊度降低而被部分去除。至于残留于滤后水中的细菌、病毒等在失去浑浊物的保护或依附时，在滤后消毒过程中将容易被杀灭，这就为滤后消毒创造了良好条件。

在滤池中，滤料的排列总是上面细下面粗，滤料之间的孔隙尺寸也是从上往下越来越大。滤池进水中的颗粒，在电性中和、吸附、架桥等作用下会粘附在滤料的表面上。当滤料层孔隙中截留了大量杂质，孔隙堵塞严重时，还有机械隔滤作用可以去除杂质。

开始过滤时，表层滤料首先粘附了絮凝后的颗粒，过滤一段时间以后，滤层中逐渐积累了杂质颗粒，孔隙率变小，如流量不变则孔隙内流速随之增大，在水流冲刷作用下，粘附在滤料上的杂质颗粒又会脱落下来，而向下面的滤层移动，于是下层滤料发挥粘附截留杂质的作用。过滤时，在整个滤料层中，杂质颗粒的去除过程就是这样一层层地进行下去，直到表层滤料中的孔隙逐渐被堵塞，甚至滤料表面形成了泥膜，这时过滤阻力增加，等到滤池水头损失达到极限值或出水水质不符合要求时，过滤过程即行结束，滤料层需进行冲洗，以恢复过滤能力。

（二）滤池的形式和配水系统

1. 滤池的形式

滤池的形式很多，以石英砂作为滤料的普通快滤池使用历史最久。在此基础上，人们从不同的工艺角度发展了其他形式快滤池。例如，为提高滤速和延长过滤周期，在滤料上加以改进，出现了双层滤料滤池。又例如为节约阀门和便于运行管理，出现了双阀滤池、虹吸滤池、无阀滤池和移动罩滤池以及其他水力自动冲洗滤池等。在冲洗方式上，有单纯水冲洗和气水反冲洗两种。尽管以上各种滤池在构造上有所不同，但是其过滤原理基本一样，基本工作过程相同，即过滤和冲洗交错进行。

目前在广州市自来水公司应用的滤池型式有：普通快滤池、V形滤池、移动罩滤池、虹吸滤池。在之后的章节中，将对这几种滤池形式进行介绍。

2. 滤池的配水系统

为了冲洗水在整个滤池滤面内均匀分布，滤池底部须设置配水系统。在快滤池中，通常采用的配水系统有大阻力配水系统和小阻力配水系统两种形式。配水系统在生产实际上，它起着两个作用：过滤时起均匀集水作用；反冲洗时起均匀配水作用。配水系统的集水和配水均匀性的好坏，是滤池性能的重要因素，往往只要满足了配水均匀性，集水的均匀性就可迎刃而解。

（1）大阻力配水系统

快滤池中常用的是"穿孔管大阻力配水系统"，见图2-32。滤池底部有一条粗干管（干渠），干管（干渠）两侧接出数条互相平行的支管。支管下方有二排小孔，小孔位置与管心垂直线成45°夹角，交错排列，见图2-33。我们通常也称之为"丰"形管大阻力配水系统。冲洗时，水流自干管（干渠）起端进入后，流入各支管，由支管孔口流出，再经承托层和滤料层流入排水槽，最后排出池外。

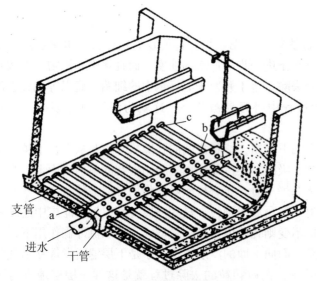

图2-32 穿孔管大阻力配水系统

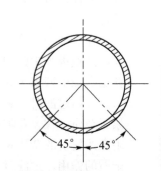

图2-33 穿孔支管孔口位置

《室外给水设计规范》（GB 50013—2006）对大阻力配水系统的一些规定如下：穿孔管大阻力配水系统孔眼总面积与滤池面积之比宜为0.2%～0.28%。大阻力配水系统应按冲洗流量，并根据下列数据通过计算确定：①配水干管（渠）进口处的流速为1.0～1.5m/s；②配水支管进口处的流速为1.5～2.0m/s；③配水支管孔眼出口流速为5～6 m/s。干管（渠）顶上宜设排气管，排出口需在滤池水面以上。

大阻力配水系统的优点是配水均匀性较好，运行稳定可靠，滤速可调，水质较好。缺点是池体结构比较复杂；孔口水头损失大，冲洗时动力消耗也大；管道易结垢，增加检修困难。

（2）小阻力配水系统

小阻力配水系统，其基本原理是从大阻力配水系统原理上引申出来，小阻力配水系统克服了大阻力配水系统的缺点，使配水系统进水改为面进水，使配水系统中的压力变化对布水均匀性影响很少，从而减小孔口阻力系数。

对小阻力配水系必须满足以下要求：配水系统的阻力要小，配水要均匀；各种材料的配水系统装置，必须有足够的强度；各种材料的配水系统装置，必须具有耐腐蚀性；配水系统装置的开孔不能太小，以免堵塞，造成滤料层、承托层和配水装置本身的破坏。

小阻力配水形式，其主要应用有以下形式：

①钢筋混凝土穿孔滤板。在钢筋混凝土板上开圆孔，板上铺设一层或两层尼龙网。板上开孔比和尼龙孔网眼不尽一致，视滤料粒径、滤池面积等具体情况决定。这种配水系统造价较低，孔口不易堵塞，配水均匀性较好，强度高，耐腐蚀。但必须注意尼龙网接缝应搭接好，且沿滤池四周应压牢，以免尼龙网被拉开。尼龙网上可适当铺设一些卵石。

②滤板－滤头。滤板采用立式钢模浇制，采用严格的技术标准、高标号水泥和优质螺纹钢筋，保证了安装后的滤板表面平整度。施工时，滤板上预埋带螺纹的套管，安装在滤板上的滤头用 ABS 工程塑料制成。滤头由具有缝隙的滤帽和滤柄（具有外螺纹的直管）组成（见图 2－34）。短柄滤头（见图 2－35）用于单独水冲洗滤池，长柄滤头用于气－水反冲洗滤池。

图 2－34 滤板－滤头配水系统

图 2-35　用于单水冲洗的短柄滤头

（三）影响过滤的因素

随着过滤作用的进行，滤料层吸附截留的悬浮物也就愈来愈多，杂质在滤料层中分布的规律受许多因素影响，如进水水质、水温、滤料形状粒径及级配、凝聚颗粒的强度等。但主要还是与滤速、滤料粒径和级配、滤层的组成等有关。

1. 滤速因素的影响

滤速是指过滤时砂面水位的下降速度，或是滤池在单位过滤面积和单位时间内所通过的水量，单位以米/小时（m/h）表示。在滤料级配相同的情况下，滤速越大，杂质穿透深度越大，滤层中杂质分布趋于均匀，下层滤料所发挥的作用也将增大。所谓杂质穿透深度是指过滤即将结束时，自滤料表层以下某深度处所取的水样，恰好符合滤后水的水质要求，这一深度称为杂质穿透深度。

某些水厂往往以提高滤速来提高产量，然而，以提高滤速来提高产量是很有限的。因为，一方面要考虑滤速增大会影响滤后水的水质，另一方面要考虑滤速增加，过滤的水头损失也会加快，而且使滤池的过滤工作周期缩短，增大反冲洗水量。

2. 滤料粒径和级配因素的影响

滤料粒径及级配对过滤有直接的影响，滤料粒径愈大，滤层中孔隙尺寸愈大，颗粒的大小趋于均匀，有利于待滤水中杂质颗粒的分布，杂质穿透深度增大。滤料层含污能力也愈大，滤层的过滤水头损失增长缓慢，延长工作周期。粗颗粒的滤料，由于孔隙大，杂质的穿透深度也愈深，为确保滤后水的水质，往往滤料层的厚度也要适当加大。

3. 滤料层组成因素的影响

滤料层往往经过水力筛分之后，滤料粒径随过滤水流方向由小到大，造成了滤层中杂质的分布不均匀，这是直接影响过滤效能的主要原因。为改变滤池这一缺点，在生产实践中研制了多种措施，如双层滤料等形式的滤池。其滤料层是用无烟煤、石英砂等，利用这些材料比重的不同分层组成滤料层，使滤料层颗粒排列形成"上粗下细"的孔隙，即

"上大下小"改善了杂质颗粒在滤料中的分布状况，增大了滤料层的含污能力，使上层滤料孔隙堵塞较慢，水头损失增长缓慢，且下层滤料的作用得到发挥，这样滤料层就能较好地满足过滤要求，延长滤池的过滤周期，确保了出水水质。

所谓"滤层含污能力"是指在保证滤池出水水质的条件下，在一个过滤周期内，整个滤层单位体积滤料中所能截留的杂质数量，单位以 kg/m^3 或 g/cm^3 表示。往往滤料的含污能力大，表示滤床所发挥的作用也愈大；显然，滤层含污能力与杂质穿透深度密切相关。

（四）滤料层和承托层

1. 滤料层滤料的选择

（1）滤料粒径级配

滤料粒径级配是指滤料中各种粒径颗粒所占的重量比例。粒径是指正好可通过某一筛孔的孔径。粒径级配一般采用以下两种表示方法：

①有效粒径和不均匀系数法：以滤料有效粒径 d_{10} 和不均匀系数 K_{80} 表示滤料粒径级配。

$$K_{80} = \frac{d_{80}}{d_{10}}$$

式中　d_{10}——通过滤料重量 10% 的筛孔孔径；

d_{80}——通过滤料重量 80 % 的筛孔孔径。

其中 d_{10} 反映细颗粒尺寸；d_{80} 反映粗颗粒尺寸。K_{80} 愈大，表示粗细颗粒尺寸相差愈大，颗粒愈不均匀，这对过滤和冲洗都很不利。因为 K_{80} 较大时，过滤时滤层含污能力减小；反冲洗时，为满足粗颗粒膨胀要求，细颗粒可能被冲出滤池，若为满足细颗粒膨胀要求，粗颗粒将得不到很好清洗。K_{80} 愈接近于 1，滤料愈均匀，过滤和反冲洗效果愈好，但滤料价格提高。

②最大粒径、最小粒径和不均匀系数法：采用最大粒径 d_{max}、最小粒径 d_{min} 和不均匀系数 K_{80} 来控制滤料粒径分布。

（2）滤料的筛分

采用有效粒径法筛选滤料，可做筛分实验。通过称取干燥的滤料样品 100g，置于一组筛（按筛孔由大至小的顺序从上到下套在一起，底盘放在最下部）中筛分，然后称出每个筛中截留的砂粒质量。以筛孔孔径为横坐标，以通过该筛孔样品的百分数为纵坐标绘制筛分曲线。根据筛分曲线确定滤料样品的有效粒径 d_{10} 和不均匀系数 K_{80}。

（3）滤料的等体积球体直径（校正粒径）

上述确定滤料粒径的筛分方法已能满足生产要求。但由于天然滤料的形状不会是圆球形，或长或扁，筛孔本身也有误差，使用时也有差别。因此，作为理论研究时，存在如下缺点，一是筛孔尺寸未必精确，二是未反映出滤料颗粒形状因素。为此，常需求出滤料等体积球体直径，方法是：将滤料样品倾入某一筛子过筛后，将筛子上的砂全部倒掉，将筛盖好。再将筛用力振动几下，将卡在筛孔中的那部分砂振动下来。从此中取出几粒在分析天平上称重，按以下公式可求出等体积球体直径 d_0；

$$d_0 = 3\sqrt{\frac{6G}{\pi \cdot n \cdot \rho}}$$

式中, G ——颗粒重量, g;

   n ——颗粒数;

   ρ ——颗粒密度, g/cm^3。

（4）滤料的孔隙率

滤料层孔隙率是指滤料孔隙体积与整个滤料层体积（包括滤料体积和孔隙体积在内）的比值, 要精确测定滤料孔隙率, 可取一定量的滤料, 在105℃下烘干称重, 并用比重瓶测出密度。然后放入过滤筒中, 用清水过滤一段时间后, 量出滤层体积, 按下式可求出滤料孔隙率 m:

$$m = 1 - \frac{G}{\rho V}$$

式中 G ——烘干的砂重, g;

   ρ ——颗粒密度, g/cm^3;

   V ——滤层体积, cm^3。

（5）滤料选用要求

给水处理所用的滤料, 必须符合以下要求:

①具有足够的机械强度, 以防冲洗时滤料颗粒发生严重的磨损和破碎现象。

②具有足够的化学稳定性, 不易与水发生化学作用, 不会溶于水使水质变坏, 尤其不能含有产生对人体有害的物质。

③具有一定的颗粒级配和适当的孔隙率。

④应尽量就地取材, 货源充足, 价格低廉。

2. 承托层

（1）承托层是夹在配水系统与滤料层之间的砾石层, 其作用有:

①过滤时, 防止滤料进入配水系统。

②冲洗时, 可起均匀布水的作用。

（2）承托层选的材料除了要满足滤料的要求外, 还必须满足下列要求:

①不应含有颗粒混合物。反冲洗时承托层应保持不被冲乱。

②承托层应有一定的级配, 使孔隙有形成均匀布水的条件。

③同一承托层中, 最大粒径不大于最小粒径的2倍。

④承托层各层的厚度应不小于5cm。

（3）《室外给水设计规范》（GB 50013—2006）关于承托层的一些规定如下:

①当滤池采用大阻力配水系统时, 其承托层宜按表2－2选用。

表 2－2 大阻力配水系统承托层粒径

层次（自上而下）	材　料	粒径/mm	厚度/mm
1	砾石	2～4	100
2	砾石	4～8	100
3	砾石	8～16	100
4	砾石	16～32	本层顶面应高出配水系统孔眼100

②采用滤头配水（配气）系统时，承托层可采用粒径 2 ～ 4mm 粗砂，厚度为 50 ～ 100mm。

（五）滤池反冲洗

1. 反冲洗目的

滤池的过滤阶段结束后，必须进行反冲洗，其目的是恢复滤料层的工作能力。滤池的反冲洗过程必须满足充分洗净滤料并顺利地排除滤料层内各点所截留的杂质。

如果反冲洗过程进行得不好，会出现：①滤料颗粒表面冲洗不净，造成颗粒之间相互粘结，形成"泥球"，有时泥球直径可达 2 ～ 5cm；②滤池反冲洗时杂质未能及时排出池外，反冲洗停止后，这些杂质又重新落在滤料表面上，长此下去，滤料表面就会被杂质覆盖，像一层"泥毯"；③滤池反冲洗不均匀，有的角落藏污纳垢，严重时甚至使承托层发生移位，造成漏砂事故；④与反冲洗有关联的各部分不协调，导致滤料随反冲洗水流失等现象。以上种种现象都有可能使滤池不能正常工作，甚至酿成事故。因此，有效而合理地进行反冲洗，是保证滤池正常运行的关键措施。

2. 反冲洗方式

滤池所采用的反冲洗方式主要有以下几种：单独用水反冲洗；有空气辅助擦洗的水反冲洗；有表面扫洗和空气辅助擦洗的水反冲洗。

（1）单独用水反冲洗

单独用水反冲洗必须利用流速较大的反向水流冲洗滤料层，使整个滤料层达到流态化状态，且具有一定的膨胀度。截留于滤料层中的污物，在水流剪力和滤料颗粒碰撞摩擦双重作用下，从滤料表面脱落下来，然后被冲洗水带出滤池。冲洗效果决定于冲洗流速。冲洗流速过小，滤层孔隙中水流剪力小；冲洗流速过大，滤层膨胀度过大，滤层孔隙中水流剪力也会降低，且由于滤料颗粒过于离散，碰撞摩擦几率也减小。故冲洗流速过大或过小，反冲洗效果均会降低。

高速水流反冲洗虽然操作方便，池子和设备较简单，但冲洗耗水量大，冲洗结束后，滤料上细下粗分层明显。

广州市自来水公司的虹吸滤池、移动罩滤池、个别系统普通快滤池采用的冲洗方式为单独用水反冲洗。

（2）有空气辅助擦洗的水反冲洗

有空气辅助擦洗的水反冲洗，即气、水反冲洗。气、水反冲效果在于：利用上升空气气泡的振动可有效地将附着于滤料表面污物擦洗下来使之悬浮于水中，然后再用水反冲把污物排出池外。因为气泡能有效地使滤料表面污物破碎、脱落，故水冲强度可降低，即可采用所谓"低速反冲"。

用气冲时应考虑：①滤料在反洗后要维持原位。②使空气擦洗的摩擦作用最大。③砂滤料不产生沸腾现象，不产生明显的砂粒股流现象。

气、水反冲操作方式有以下几种：①先用空气反冲，然后再用水反冲。②先用气 – 水同时反冲，然后再用水反冲。③先用空气反冲，然后用气 – 水同时反冲，最后再用水反冲（或漂洗）。

气、水反冲洗的优点是：①清洗效果好，由于空气擦洗时，颗粒间流速大，颗粒互相冲撞和摩擦作用强烈，因而清洗效率高。②空气擦洗允许与低速反洗配合采用，有条件使滤层不再液化，因而允许采用较粗粒径的滤料。③水洗强度大大降低，从而降低了设备的容量和冲洗水量。缺点是：①空气和水混合速度不当时，容易造成滤料流失事故。②气水同时反洗，若强度控制不当，容易使承托层移位，所以必须严格控制反冲洗操作规程。

气、水反冲洗的冲洗程序、冲洗强度及冲洗时间的选用，需要根据滤料种类、密度、粒径级配及水质水温等因素确定，也与滤池构造形式有关。

广州市自来水公司绝大部分普通快滤池均采用气、水反冲洗方式。

（3）有表面扫洗和空气辅助擦洗的水反冲洗

这种冲洗方式是在有空气辅助擦洗的水反冲洗的基础上增加表面扫洗，如均粒滤料滤池（V形滤池）的表面扫洗就是利用部分滤前水在滤池冲洗时对滤池砂面进行横向扫洗。横向水流将悬浮在水面和砂面间的杂质推向排水槽排出。

目前，南×水厂、西×水厂、新×水厂的V形滤池均采用此种冲洗方式。

3. 反冲洗注意事项

为了提高反冲洗效果，应注意下列几个问题：

①要有足够的冲洗强度，使整个滤料层都得到合理的膨胀。

冲洗强度和滤料层的膨胀率、水温、滤料粒径及比重等有关。滤料粒径和比重愈大，为了保证足够膨胀率，要求的冲洗强度也愈大。水温愈高，所需的冲洗强度相应也愈高。

滤料层膨胀率对冲洗效果影响很大。如果滤料层膨胀率不足，滤料层不能整体悬浮，致使滤料冲洗不干净；但如果膨胀率过大，滤料颗粒间的间距增大，减少了砂粒相互碰撞摩擦的机会，冲洗也难以干净，而且需要的冲洗强度也较大，过大的冲洗强度会使承托层有发生移位的可能，造成滤料漏失。

恰当的膨胀是下层最粗的滤料刚刚开始浮起。

②要保证一定的冲洗时间，使各点滤料都得到充分均匀的清洗。如果滤池的冲洗时间不足，就会出现因冲洗下来的污物不能及时排走而积泥，冲洗不均匀，会出现局部冲洗强度大，另一部分冲洗强度小，继续下去，就会出现冲洗强度小的因滤料冲洗不净而更小，冲洗强度大的局部更加大，而导致承托层移位，造成跑砂、漏砂故障。

③及时将冲洗水排出池外。

④确保冲洗水的供给水要充足均衡。

4. 反冲洗参数

冲洗强度：以cm/s计的反冲洗流速，换算成单位面积滤层所通过的冲洗流量，称"冲洗强度"，以$L/(m^2 \cdot s)$计。$1cm/s = 10L/(m^2 \cdot s)$。实际上，冲洗强度就是反冲洗水的流速，它的含义和滤速一样，只是方向相反而已。

滤层膨胀度：反冲洗时，滤料层膨胀后所增加的厚度与膨胀前厚度之比，称滤层膨胀度，用公式表示：

$$e = \frac{L - L_0}{L_0} \times 100\%$$

式中 e ——滤层膨胀度,%；

L_0——滤层膨胀前厚度，cm；

L ——滤层膨胀后厚度，cm。

冲洗时间：当冲洗强度或滤层膨胀度符合要求但若冲洗时间不足时，也不能充分地清洗掉包裹在滤料表面上的污泥，同时，冲洗废水也排除不尽而导致污泥重返滤层。如此长期下去，滤层表面将形成泥膜。因此，必要的冲洗时间应当保证。

由于广州市自来水公司常规处理中的滤池均采用单层砂滤料，为此，下面仅摘录《室外给水设计规范》（GB 50013—2006）中对采用单层砂滤料滤池的冲洗方式、水冲洗强度等参数的一些规定：

①滤池冲洗方式的选择，应根据滤料层组成、配水配气系统型式，通过试验或参照相似条件下已有滤池的经验确定，宜按表2-3选用。

表2-3 冲洗方式和程序

滤料组成	冲洗方式、程序
单层细砂级配滤料	①水冲 ②气冲-水冲
单层粗砂均匀级配滤料	气冲-气水同时冲-水冲

②单水冲洗滤池的冲洗强度及冲洗时间宜按表2-4选用。

表2-4 水冲洗强度及冲洗时间（水温20℃时）

滤料组成	冲洗强度/［L/（m². s）］	膨胀率/%	冲洗时间/min
单层细砂级配滤料	12～15	45	7～5

注：①应考虑由于全年水温、水质变化因素，有适当调整冲洗强度的可能。
②选择冲洗强度应考虑所用混凝剂品种的因素。
③膨胀率数值仅作设计计算用。

③气水冲洗滤池的冲洗强度和冲洗时间，宜按表2-5选用。

表2-5 气水冲洗滤池的冲洗强度和冲洗时间

滤料种类	先气冲洗		气水同时冲洗			后水冲洗		表面扫洗	
	强度/［L/(m²·s)］	时间/min	气冲强度/［L/(m²·s)］	水冲强度/［L/(m²·s)］	时间/min	强度/［L/(m²·s)］	时间/min	强度/［L/(m²·s)］	时间/min
单层细砂级配滤料	15～20	3～1				8～10	7～5		
单层粗砂均匀级配滤料	13～17 (13～17)	2～1 (2～1)	13～17 (13～17)	3～4 (2.5～3)	4～3 (5～4)	4～8 (4～6)	8～5 (8～5)	1.4～2.3	全程

注：表中单层粗砂均匀级配滤料中，无括号的数值适用于无表面扫洗的滤池；括号内的数值适用于有表面扫洗的滤池。

④单水冲洗滤池的冲洗周期，当为单层细砂级配滤料时，宜采用12～24h；气水冲洗滤池的冲洗周期，当为单层粗砂均匀级配滤料时，宜采用24～36h。

（六）普通快滤池

普通快滤池（见图2-36）简称快滤池，其构造如图2-37所示，快滤池的池体构造由进水渠道、洗砂排水槽、滤料层、承托层、配水系统、排水渠等组成。快滤池的运行，主要是过滤、冲洗两个过程的重复循环。

图 2-36　普通快滤池

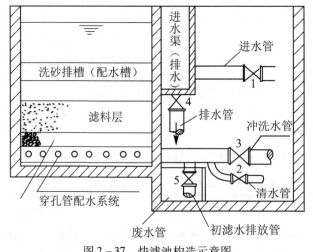

图 2-37　快滤池构造示意图

1. 过滤过程

过滤时，进水支管和清水支管的阀门打开，反冲洗水（气）支管、初滤水排放管和排水渠排水管的阀门关闭。反应沉淀池来的待滤水经进水总渠、进水阀门、滤池洗砂排水槽流入滤池，均匀分布到整个砂面上，经过滤料层、承托层后，由配水系统的配水支管汇集起来再经配水系统干渠（管）、清水支管、清水总渠流往清水池。

在过滤过程中，水流经过滤料层时，水中杂质颗粒被吸附截留，随着滤料层中杂质数量的不断增加，使砂粒间的孔隙不断减小，滤料层中水头损失值不断递增。一般当这一水头损失增至一定数值时，致使滤池的产水量减少到不符合要求，或由于滤后水水质不符合要求时，过滤过程便告结束，滤池须进行反冲洗。

2. 反冲洗过程

反冲洗过程，就是把吸附截留在滤料层中的杂质冲洗下来的过程。

其流程与过滤流程完全相反，冲洗水是用过滤后的清水，冲洗的过程如下：关闭进水管上的阀门，让滤池内待滤水继续过滤到一定水位。然后关闭清水管上的阀门，停止过滤。开启排水渠排水管上的阀门。开启反冲洗水管上的阀门，让冲洗水进入滤池进行冲洗。冲洗水由冲洗水总管、支管，经配水系统的干管、支管及支管上的许多孔眼流出，由下而上穿过承托层及滤料层，均匀地分布于整个滤池平面上。滤料层在由下而上均匀分布的水流中处于悬浮状态，滤料得到清洗。冲洗废水流入洗砂排水槽，再经排水渠排出池外。冲洗一直进行到滤料基本洗干净为止。

冲洗结束后，过滤重新开始。从停止过滤到冲洗完毕，一般需要 20～30min，在这段时间内，滤池停止生产，冲洗所消耗的清水，占滤池生产水量的 1%～3%。冲洗完毕后，如果在开始过滤时候出水水质较差，不允许进入清水池时，可以打开初滤水排放管上的阀门同时关闭清水管上的阀门，让初滤水排入废水渠，直至出水水质符合要求为止（或冲洗后，让滤池静置 10～20min 后，缓慢打开清水管上的阀门，待滤后水水质符合标准后，逐渐加大开启转数）。

滤池的过滤、冲洗构成了滤池工作的一个循环，这个循环所需的时间就是滤池的工作周期。滤池工作周期的长、短受很多因素的影响，应根据滤池实际运行状况确定。

（七）V 形滤池

V 形滤池是一种均粒滤料滤池。其滤料粒径比较均匀，有效粒径 d_{10} 在 0.95～1.35mm 之间，均匀系数小于 1.6，滤层厚度在 0.95～1.5m 之间，含污能力较高，是法国德格雷蒙（DEGREMONT）公司设计的一种快滤池，采用气水反冲洗，还有表面扫洗。由于 V 形滤池采用滤料层微膨胀式冲洗，因此其冲洗排水槽顶不必像膨胀冲洗时所要高出的距离。根据国内外资料和实践经验，在滤料层厚度为 1.20m 左右时，冲洗排水槽顶面多采用高于滤料层表面 500mm。

V 形滤池因两侧（或一侧也可）进水槽设计成 V 字形而得名（见图 2-38）。图 2-39 为

图 2-38　V 形滤池

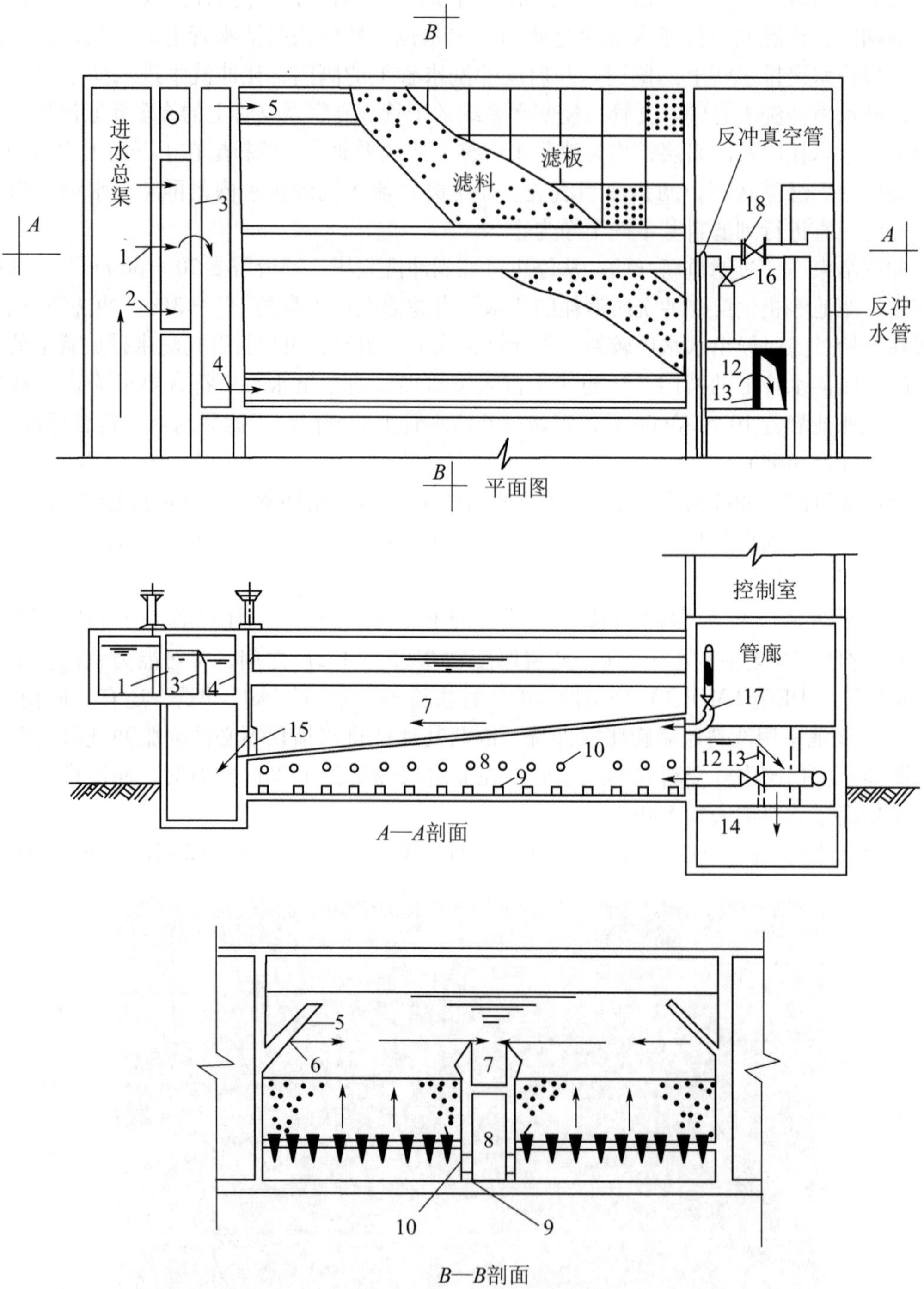
进水总渠
滤料
滤板
反冲真空管
反冲水管
平面图
控制室
管廊
A—A剖面
B—B剖面

图 2－39　V 形滤池构造简图

1—进水气动隔膜阀；2—方孔；3—堰口；4—侧孔；5—V 形槽；6—小孔；7—排水渠；8—气水分配渠；9—配水方孔；10—配气小孔；11—底部空间；12—水封井；13—出水堰；14—清水渠；15—排水阀；16—清水阀；17—进气阀；18—冲洗水阀

一座 V 形滤池构造简图。通常一组滤池由数格滤池组成。每格滤池中间为双层中央渠道，将滤池分成左、右两格。渠道上层是排水渠 7 供冲洗排污用；下层是气水分配渠 8，过滤时汇集滤后清水，冲洗时分配气和水。气水分配渠 8 上部设有一排配气小孔 10，下部设有一排配水方孔 9。V 形槽底设有一排小孔 6，既可作过滤时进水用，在冲洗时又可供横向扫洗布水用，这是 V 形滤池的一个特点。滤板上均匀布置长柄滤头，每平方米布置 50～60 个。滤板下部是底部空间 11。

1. 过滤过程

待滤水由进水总渠经进水气动隔膜阀 1 和方孔 2 后，溢过堰口 3 再经侧孔 4 进入 V 形槽 5。待滤水通过 V 形槽底小孔 6 和槽顶溢流，均匀进入滤池，而后通过砂滤层和长柄滤头流入底部空间 11，再经配水方孔 9 汇入中央气水分配渠 8 内，最后由管廊中的水封井 12、出水堰 13、清水渠 14 流入清水池。滤速可根据滤池水位变化自动调节出水阀开启度来实现等速过滤。

2. 冲洗过程

首先关闭进水气动隔膜阀 1，但两侧方孔 2 常开，故仍有一部分水继续进入 V 形槽并经槽底小孔 6 进入滤池。而后开启排水阀 15 将池面水从排水渠中排出直至滤池水面与 V 形槽顶相平。冲洗操作可采用"气冲→气－水同时反冲→水冲"三步；也可采用"气－水同时反冲→水冲"二步。三步冲洗过程为：①启动鼓风机，打开进气阀 17，空气经气水分配渠 8 的上部小孔 10 均匀进入滤池底部，由长柄滤头喷出，将滤料表面杂质擦洗下来并悬浮于水中。由于 V 形槽底小孔 6 继续进水，在滤池中产生横向水流，形同表面扫洗，将杂质推向中央排水渠 7。②启动冲洗水泵，打开冲洗水阀 18，此时空气和水同时进入气、水分配渠，再经配水方孔 9 和配气小孔 10 和长柄滤头均匀进入滤池，使滤料得到进一步冲洗，同时，横向冲洗仍继续进行。③停止气冲，单独用水再反冲洗几分钟，加上横向扫洗，最后将悬浮于水中的杂质全部冲入排水槽。

（八）移动罩滤池

移动罩滤池是由许多滤格为一组构成的滤池，利用一个可移动的冲洗罩轮流对各滤格进行冲洗。某滤格的冲洗水来自本组其他滤格的滤后水。冲洗时，使滤格处于封闭状态。滤料层的上部相互连通，滤池底部配水区也相互连通。移动罩滤池构造图见图 2－40。

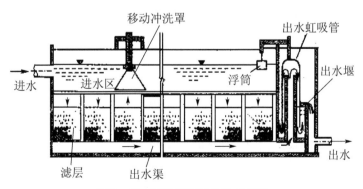

图 2－40 移动罩滤池构造示意图

1. 过滤过程

过滤时，待滤水由进水管进入滤池，水流自上而下通过各格滤层、承托层和小阻力配水系统，杂质被滤料截留吸附，滤后水通过底部集水区流入钟罩式虹吸管的中心管。当虹吸中心管内水位上升到管顶且溢流时，带走虹吸管钟罩和中心管之间的空气，达到一定真空度时，虹吸形成，滤后水便从钟罩和中心管间的空间流出，经出水堰流入清水池。出水虹吸管顶上装有水位恒定器用以控制池内水位在较小幅度范围内波动。

2. 冲洗过程

当某一格滤池需要冲洗时，冲洗罩由桁车带动至该格上面就位，然后启动真空泵或水射器，抽吸冲洗罩及排水虹吸管内的空气，在此过程将压重水箱注满，使罩体下降，并使罩体底面与四周的隔墙顶密封，虹吸形成即冲洗进行，冲洗时间由时间继电器控制。冲洗完毕，真空泵或水射器自动停止工作，空气进入冲洗罩，虹吸破坏，压重水箱内的水通过底泄孔排出，压重消失，罩体上浮。过滤又即开始。

目前，广州市自来水公司西×水厂一号系统部分滤池，石×水厂一、二期系统滤池和江×一厂的滤池均为移动罩滤池（见图2-41）。

图2-41 移动罩滤池

（九）虹吸滤池

虹吸滤池一般是由6～8格滤池组成一个整体，通称"一组滤池"或"一座滤池"。虹吸滤池的特点是：用进水虹吸管和排水虹吸管代替普通快滤池的进水阀、清水阀、冲洗水阀和排水阀，基本上不设大阀门。冲洗时不用冲洗水箱或冲洗泵，而是用其他滤格过滤下来的水来冲洗。其构造见图2-42。

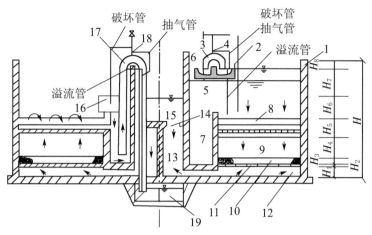

图 2 - 42　虹吸滤池的构造示意图

1—池体；2—进水渠；3—小虹吸进水管；4—进水管辅助虹吸管；5—小虹吸水封井；6—进水堰；7—集水井；
8—排水槽；9—滤料层；10—承托层；11—滤板；12—配水室；13—清水室；14—落水井；15—清水渠；
16—计时水箱；17—大虹吸管；18—排水管辅助虹吸管；19—排水渠

1. 过滤过程

经沉淀（或澄清）的待滤水流入进水渠 2 经进水管辅助虹吸管 4 的提升，水由小虹吸进水管 3 流入小虹吸水封井 5，翻过进水堰 6，进入集水井 7，流到排水槽 8（此时排水槽起均匀布水的作用）将水均匀分布到滤料层 9，经承托层 10、滤板 11，进入配水室 12、清水室 13，通过落水井 14（此时起出水作用），进水清水渠 15，集满清水渠后，翻过清水渠溢流堰，流入清水池。

在过滤过程中，每格滤池的进水流量基本不变，所以滤速也不变，这和普通快滤池变速过滤有所不同。虹吸滤池依靠池内水位和清水渠 15 的溢流堰出水的水位差 H_7 来过滤；而溢流堰出水的高度是一定值，池内水位则随着滤池滤层内杂质截留吸附程度的不同，水头损失不断增加，以池内水位的相应抬高，来保持过滤水量的不变。所以，虹吸滤池是在水位变化情况下的等速过滤。当池内水位上升到最大允许值 H_7 时，滤池即将冲洗。

2. 冲洗过程

当池内水位上升到最大允许值 H_7 时，大虹吸水管 17 的辅助虹吸管 18 的溢流口溢流开始，水流夹带着从抽气三通引来的大虹吸管顶的空气，流到排水渠 19（渠内的常水位起水封作用），由于溢流水不断，在抽气三通的作用下，大虹吸管内的气体不断被带出管外，很快管内形成真空，形成虹吸，由于池内水位高，水流迅速向池外排泻，池内水位迅速下降，当水位下降到低于清水渠 15 的溢泻堰口时（清水渠水位），原过滤的水流方向开始改变，反冲洗逐步开始，当露出小虹吸进水管的破坏管口时，小虹吸管停止进水。当池内水位降到排水槽 8 内出现跌水现象时，冲洗正式开始，砂层处在悬浮状态，冲洗下来的杂质随水流进入排水槽 8、集水井 7、大虹吸管 17 排出池外。由于排水管辅助虹吸管 18 的作用，池内计时水箱 16 的水位也不断下降，当露出排水管辅助虹吸管的破坏管口时，大虹吸破坏，反冲洗停止。池内水位不断上升，当池内水位将小虹吸辅助系统的管口淹没时，小虹吸管很快进水，过滤重新开始。虹吸滤池就是这样周而复始地进行着滤池自动化的操作。

一般辅助虹吸系统管径的选择，溢流管径为 25～50mm，而破坏管和抽气管往往取比溢流管小 1 号的管径。

虹吸滤池的主要优点是：无需大型阀门及相应的开闭控制设备；无需冲洗水箱或冲洗水泵；由于出水堰顶高于滤料层，故过滤时不会出现负水头现象。主要缺点是：由于滤池构造特点，池深比普通快滤池大，一般在 5m 左右；冲洗强度受其余几格滤池的过滤水量影响，故冲洗效果不像普通快滤池那样稳定。反冲洗时，每组虹吸滤池不能有两格或以上滤池同时进行反冲洗。

目前，广州市自来水公司西×水厂一号净水系统大部分滤池为虹吸滤池（见图 2－43）。

图 2－43　一号净水系统虹吸滤池外貌

（十）滤池日常运行管理

在净水厂常规处理工艺中，滤池是去除浊度等悬浮杂质的一个最后精加工过程，是保证水质的重要环节。因此，在设备型式已经选定的情况下，加强对快滤池的运行管理是充分发挥滤池净水效果和保证水质的关键。要做好运行管理，需注重以下三个方面工作：一是对设备运行、技术状态定期进行测定分析，并提出改进措施；二是按照运行管理操作规程进行操作，对在运行中发生的各种故障予以分析处理；三是定期进行维修保养，并对设备进行技术改造。根据以上三方面要求分别说明如下。

1. 快滤池运行参数和技术状态的测定

（1）滤速的测定

滤速是滤池单位面积在单位时间内的滤水量，用 $m^3/(m^2 \cdot h)$ 表示之，一般可简化为 m/h，这意味着是滤池水面的下降速度。测定方法如下：先将滤池水位控制到正常水位以上少许，然后关闭进水阀，待滤池水位下降至正常水位时，立即按下秒表。测定滤池水位下降一定距离所需要的时间，所有测试最好进行 2～3 次，以减少误差，根据测定记录数据，可用下式计算。

$$滤速(m/h) = \frac{池内水位下降的距离(m)}{所需时间(s)} \times 3600 \tag{1}$$

但如果在测试时，下降水位中有管件或排污槽等构件，计算时应减去该部分体积，其计算可按下式进行：

$$滤速(m/h) = \left[\frac{池内水位下降距离(m) \times 滤池过滤面积(m^2) - 排污槽等所占体积总和(m^3)}{滤池过滤面积(m^2) \times 所需时间(s)}\right]$$
$$\times 3600 \tag{2}$$

【例 1】某滤池在测定时，水位下降 10cm，需要时间 25.5s，求该滤池的平均滤速？

已知：①水位下降高度 $H = 10$（cm）$= 0.1$（m）

②所需时间 $t = 25.5$（s）

解：根据已知条件，按式（1）得

$$滤速 = \frac{0.1}{25.5} \times 3600 = 14.12(m/h)$$

答：该池平均滤速为 14.12m/h。

【例 2】某滤池面积 80m² 测定时，滤池内水位每分钟下降 26.3cm，池内构件所占体积共计 2.43m³，求该池平均滤速？

已知：①滤池过滤面积 $= 80$（m²）

②水位下降高度 $H = 26.3$（cm）$= 0.263$（m）

③所需时间 $t = 60$（s）

④池内构件所占体积：$W = 2.43$（m³）

求：该池平均滤速 v

解：根据已知条件，按式（2）得

$$滤速 = \left[\frac{池内水位下降距离(m) \times 滤池过滤面积(m^2) - 排污槽等所占体积总和(m^3)}{滤池过滤面积(m^2) \times 所需时间(s)}\right] \times 3600$$

$$= \frac{0.263 \times 80 - 2.43}{80 \times 60} \times 3600 = 13.96(m/h)$$

答：该池平均滤速为 13.96m/h。

（2）冲洗强度测定

冲洗强度是指滤池单位面积在单位时间内所用的反冲洗水量。以 L/（s·m²）表示之。

测定时，先关闭滤池的进水阀，待其水位降至砂面上约 20 厘米时，即关闭滤池出水阀。打开滤池排水渠的排水阀，随即开反冲洗水阀门进行反冲洗，冲洗时有用水塔也有不用水塔的，分述如下：

①有冲洗水塔的：可记录冲洗水塔水位下降速度以计算之。当冲洗水位上升达到滤池排水槽顶边时，开始记录水塔水位下降速度，每分钟记录一次，连续记录数分钟，取其平均值，按下式进行计算：

$$冲洗强度 [L/(s·m^2)] = \frac{水塔面积(m^2) \times 水位下降(m)}{滤池过滤面积(m^2) \times 测定时间(s)} \times 1000 \tag{3}$$

【例】某冲洗水塔（箱）面积为420m²，滤池面积为110m²，冲洗时水塔水位平均每分钟下降0.22m，求其冲洗强度？

已知：①冲洗水塔面积 = 420（m²）

②水位下降高度 H = 0.22（m）

③所需时间 t = 60（s）

④滤池过滤面积 = 110（m²）

解：根据已知条件，按式（3）得

$$冲洗强度 = \frac{水塔面积(m²) \times 水位下降(m)}{滤池过滤面积(m²) \times 测定时间(s)} \times 1000$$

$$= \frac{420 \times 0.22}{110 \times 60} \times 1000 = 14[L/(s \cdot m²)]$$

答：冲洗强度为14L/（s·m²）。

在正式测定之前，当冲洗阀门在关闭状态下，观察水塔水位是否下降，如有水位下降情况，说明阀门有漏损现象，在正确计算时，应予以扣除，才能表示真正的冲洗强度。

②如无冲洗水塔而用水泵或压力水冲洗，则只需测定滤池水位上升的速度即可。冲洗强度按下式进行计算：

$$冲洗强度[L/(s \cdot m²)] = \frac{滤池过滤面积(m²) \times 水位上升(m)}{滤池过滤面积(m²) \times 测定时间(s)} \times 1000 \quad (4)$$

【例】某滤池面积为30m²，用水泵进行反冲洗，经测定20s中水位上升30cm，求其冲洗强度？

已知：①滤池过滤面积 = 30m²

②水位上升高度 H = 30cm = 0.3m

③所需时间 t = 20s

解：根据已知条件，按式（4）得

$$冲洗强度 = \frac{滤池过滤面积(m²) \times 水位上升(m)}{滤池过滤面积(m²) \times 测定时间(s)} \times 1000$$

$$= \frac{30 \times 0.3}{30 \times 20} \times 1000 = 15[L/(s \cdot m²)]$$

答：冲洗强度为15 L/（s·m²）。

对于移动罩滤池，由于其构造及工作方式等原因，无法采用上述两种方法来测定移动罩滤池的反冲洗强度。要测定移动罩滤池的反冲洗强度，可在需测量的移动罩滤池的排水渠口安装适宜的计量堰，通过测量滤池反冲洗时计量堰上的过堰水深，然后根据该计量堰的水力学计算公式得出过堰流量，用过堰流量除以所测滤格的滤面面积来反推该滤格的反冲洗强度。虹吸式移动罩滤池，在正确计算冲洗强度时，应将用于抽吸以形成虹吸的水泵所产生的流量予以扣除，才能表示真正的冲洗强度。

（3）滤料膨胀率的测定

先自行制一个测定膨胀率的工具。从距工具的底部开始，每隔2cm设置小斗一个，参见图2-44。在冲洗前将该工具垂直固定在池旁，工具的底部刚好碰到砂面。冲洗时，滤料层膨胀，冲洗完毕后检查小斗内遗留下来的砂粒。从发现滤料粒的最高小斗至冲洗前砂层面的高度，即为滤料层的膨胀高度。可用下式计算膨胀率：

$$e = \frac{\text{滤料层膨胀高度(cm)}}{\text{滤料层厚度(cm)}} \times 100\%$$

（4）滤层含泥量百分率的测定

测定滤层内所残留的含泥量百分率，可用取样器具，在滤料层表层 10cm 和 20cm 处各取三滤料样 200g，在 105℃ 的温度下进行烘干到恒重，再称取一定量的试样，先用 10% 的盐酸液仔细冲洗，再用清水冲洗，冲洗时，必须注意防止滤料流失，洗净后的滤料重新放置在 105℃ 恒温烘干至恒重，并称取其重量。含泥量百分率可按下式计算：

$$E = \frac{W_1 - W}{W_1} \times 100\%$$

式中　E——滤层含泥量百分率，%；

　　　W_1——滤料试样在清洗前的重量，g；

　　　W——滤料试样在清洗后的重量，g。

图 2 - 44　测定滤料膨胀率的标尺

滤池做含泥量的测定，一般是在滤池反冲洗后进行取样。若为了分析滤池反冲洗的效果，最好是在滤池反冲洗前和反冲洗后各进行一次取样，测定的数值可比较、分析滤池冲洗的效果。

根据国家行业标准《城镇供水厂运行、维护及安全技术规程》（CJJ 58—2009）中规定，应每年对每格滤池做滤层抽样检查，含泥量不应大于 3%，并应记录归档，采用双层滤料时，砂层含泥量不应大于 1%，煤层含泥量不应大于 3%。

当检查发现含泥量 ≥3% 时，应调整滤池反冲洗程序；并应分析原因，若发现结构性损坏或大量漏砂等，必须立刻对滤池进行大修。

（5）其他测定：除以上四项测定外，滤池在日常运行中还要进行滤料层表面及高度的测定，并观察其平整情况，如高度降低超过滤料层厚度的 10%，则应补充滤料至规定高度。还要定期对滤池进行检测，测定其滤速、水头损失、初滤水浊度、滤后水浊度、反冲洗水浊度的逐时变化值等，以便分析滤池运行的技术状态，发现问题及时采取对策。

2. 滤池的运行与管理

（1）运行前的准备工作

①新投产的滤池，在未铺设承托层和滤料层前，应放水观察配水系统出流是否均匀，孔眼是否有堵塞现象，如果正常，可以按设计要求铺设承托层和滤料层。

②在运行前必须清除池内杂物，检查各部管道阀门是否正常，滤料表面是否平整，初次铺设的滤料一般比设计厚度多加 3～5cm，以备细砂被冲走后保证设计要求的高度。

③凡是新铺设滤料的滤池和曾被放空的滤池，应需排除滤层中空气。

④未经洗干净的滤料，至少需连续反冲洗两次，以将滤料冲洗干净为止。

⑤放入一定浓度的氯水或次氯酸钠溶液对滤池进行浸泡消毒，然后再反冲洗后方可投入运行。

（2）投入正常运行

①为了保证滤池正常运行，水厂必须根据设备条件制订相关制度，如水质标准、安全操作、岗位责任、交接班、巡回检查等制度与规程。

②在正常运行中，一般可按下列运行参数来衡量滤池是否正常。包括：滤后水浊度、滤速、反冲洗强度、初滤水浊度、滤料层厚度、滤池期末水头损失、运行周期。

（3）反冲洗

滤池水头损失或运行时间达到规定值，或滤后水浊度超过规定标准，必须对滤池进行反冲洗。反冲洗时，滤池水位应降到滤层面以上 10～20cm，然后按程序进行反冲洗，反冲洗应注意观察冲洗是否均匀，冲洗强度是否恰当，砂层膨胀率是否合适，滤料是否被冲走，冲洗完毕后的残存水是否干净等，所有这些情况必须仔细观察，并做好记录。

（4）冲洗完毕后，待砂层稳定复位后再开始运行

开始运行时要注意初滤水的水质。可以采取排放初滤水，控制冲洗结束时的排水浊度，降低初滤速，在冲洗结束滤料复位后，继续以低速水反冲一定时间以带走残存的浊度颗粒等方法予以改善。

3. 滤池运行中常见故障及排除方法

（1）快滤池常见故障

滤池的常见故障大多是由于运行不当，管理不善而导致的。

①泥球、含泥量高。滤层出现泥球、含泥量高，实际上削弱了滤层截泥能力，使滤水效果降低。滤层含泥量一般不能大于 3%。出现泥球、含泥量高的主要原因是由于长期反冲洗不当，反冲洗不均匀，冲洗废水未能排干净，或待滤水浊度过高，日积月累，残留的污泥相互粘结，使体积不断增大，再因水的紧压作用而变成不透水的泥球，其直径可达数厘米。

为了防止泥球和含泥量过大，首先要从改善反冲洗条件着手，要检查冲洗时砂层的膨胀度和冲洗废水的排除情况，适当调整冲洗强度和冲洗时间，还需检查配水系统，有条件时可以采用表面冲洗和压缩空气辅助冲洗。如泥球和积泥情况严重，必须采用翻池更换滤料的办法，也可采用化学处理办法，例如用次氯酸钠或用液氯（保持池底水余氯高于 80mg/L）浸泡不低于 4h，利用高浓度的氯水来破坏结泥球的有机物。浸泡后再进行反冲洗。

②气阻。由于某种原因，在滤料层中积聚大量空气。气阻表现为冲洗时有大量气泡上升，水头损失增大，滤水量显著减少；甚至滤层出现裂缝和承托层被破坏，滤后水水质恶化。

造成气阻的主要原因：一是滤池滤干后，未把滤层中的空气赶走，随即继续进行过滤而带进空气；二是滤池运行时间过长，由于滤层上部水深不够而滤层水头损失较大时，滤层内呈现真空状态，使水中溶解气体逸出，导致滤层中原来用于截留污物的空隙被空气所替代而造成气阻。

解决气阻现象，根本的办法是使其不产生"负水头"。在滤层滤干的情况下，可采用清水倒压，赶走滤层空气后，再进行过滤。也可采取加大滤层上部水深的办法，如池深已定的情况下，可采取更换表层滤料、增大滤料粒径的办法。这样可以降低水头损失值，以降低负水压的幅度。有时可以适当加大滤速，使整个滤层内截污比较均匀。

③滤层裂缝。造成裂缝的主要原因是滤层含泥过多，而且滤层中积泥又不均匀，导致

滤速不均匀而产生裂缝，多数在滤池壁附近，也有在滤池中部产生开裂现象。产生滤层裂缝后，使一部分沉淀水直接从裂缝中穿过，影响滤后水水质。

解决裂缝的办法首先要加强冲洗措施（为适当提高冲洗强度，缩短冲洗周期，延长冲洗时间，设置表面冲洗设备），提高冲洗效果，使滤料层含泥量减少。同时要检查配水系统是否有局部受阻现象，一旦发现要及时检修。

④滤层表面不平及喷口现象。滤层表面凹凸不平，整个滤池的过滤就不均匀，甚至会影响出水水质。造成滤层表面不平的原因，可能是滤层下面的承托层或过滤系统有堵塞现象，大阻力配水系统有时会使部分孔眼堵塞，导致过滤不均匀，滤速大的部分会造成砂层下凹；也有可能排水槽布水不均匀，进水时滤层表面水深太浅，受水冲击而造成凹凸不平，如移动罩滤池，一端进水，有时进水端的一格长期被水流冲洗而造成下凹。移动罩滤池有时滤池格数多，一端进水，从第一格到最后一格距离长，落差较大，由于水平流速过大，水深又不大，会带动下面砂层，造成滤面高低不平。

针对上述情况必须翻整滤料层和承托层，检查、检修滤水系统等。

滤池反冲洗时如发现喷口现象（即局部反冲洗水似喷泉涌出），经多次观察，确定喷口位置后，可挖掘滤料层和承托层，检查配水系统，发现问题及时修复。

⑤跑砂、漏砂现象。如果反冲洗强度过大、滤层膨胀率过大或滤料级配不当，反冲洗时会冲走大量相对较细的滤料；特别当用无烟煤和砂的双层滤料时，由于两种滤料对冲洗强度要求不同，往往以冲洗砂的冲洗强度同时来反冲无烟煤层，相对细的无烟煤会被冲跑，由排水槽随冲洗废水排出。另外，如果冲洗水分配不均匀，承托层会发生移动，从而进一步促使冲洗水分布不均匀，最后某一部分承托层被淘空，以致滤料通过配水系统漏失到清水池中去。如果出现以上情况，应检查配水系统，并适当调整冲洗强度。

⑥水生物繁殖。在春末夏初和炎热季节，水温较高，沉淀水中常有多种藻类及水生物的幼虫和虫卵，极易带到滤池中繁殖。这种生物的体积很小，带有粘性，往往会使滤层堵塞，为了防止以上情况发生，最有效的办法是采用滤前加氯措施。如已经发生，应经常洗刷池壁和排水槽，杀灭水中的有害生物。可根据不同的生物种类，采用不同浓度的氯。

⑦过滤效率降低，滤后水浊度不能符合要求。这里指的过滤效率降低，是指过滤后浊度的去除不能符合规定指标的要求，碰到这种情况首先要寻找产生的原因。常见的有几种情况：

a. 沉淀水的过滤性能不好，虽然浊度很低，但通过滤池以后，浊度下降较少，甚至进出水浊度基本接近，碰到这种情况，比较有效的措施是投加适量的助凝剂以改变其过滤性能。使用助凝剂后，不但能改善过滤特性，而且还可以降低混凝剂加注量。但如果过滤周期过短，则须改变滤料组成，以维持合适的运行周期。

b. 由于投加混凝剂的量不适当，使沉淀水浊度偏高，根据已定的滤池滤料级配不能使偏高浊度降低到规定要求。在这种情况下，首先应该调整混凝剂投加量，这时投加助凝剂也是应急措施之一。

c. 由于滤速控制设施不够稳定，如出水阀门操作过快或过于频繁，会使滤池的滤速产生短期内突变，特别在滤料结泥较多时，由于滤速增加，水流剪力提高，会把原来吸附在滤料颗粒上的污泥重新冲刷下来，导致出水水质变坏。这种情况不是由于滤料层本身引起，而是由于操作不当，使滤速在短期内突变而产生的。所以应当在操作上对上述情况予以避免。

⑧冲洗时排水水位壅高。有时由于冲洗强度控制不当，冲洗时水位会高过排水槽顶面，这样就出现漫流现象，使池面上排水不均；由于排水不均匀，整个滤层面出流的不均匀，滤床中也会出现横向对流，滤料有水平移动产生；在这种情况下，由于局部上升流速过高，而使支承层发生移位，从而对支承层起破坏作用，由此引起影响滤后水水质的不良后果。

为了避免以上情况，一是在排水槽顶面标高设计时，要考虑滤料层在合适的冲洗强度下，膨胀以后的标高要在排水槽底部以下；另外在设计时应使排水槽、排水总渠和排水管有足够的排水能力。如工艺、结构设计没有问题，那么要对冲洗强度予以控制。

（2）移动罩滤池运行注意事项

对于移动罩滤池，除了上述故障外，在运行时，还应注意以下事项：

①滤池初次运行时，应做好滤料层的排气工作。由于滤料层孔隙中积有空气，进水后空气逸出而做成滤料翻腾，滤后水浑浊度较高，应人为打开虹吸的水位恒定器，防止这些水进入清水池，待池内水位上升到可以进行冲洗时，适当开启池底排空阀，使池内保持一定水位，即不流入清水池，又可进行强制冲洗。直至滤后水符合要求，方可关闭池底排空管。逐步加大水量，使滤池进入正常运行。

②刚开始反冲洗时，由于滤层内部积有空气逸出，延长虹吸形成的时间，此时应人为停止抽真空，让罩体空气迅速排出后，再抽真空，如仍未能满足要求，可抽、停反复多次，以便将滤料层空气排除，缩短形成虹吸反冲洗的时间。

③有时冲洗过程，出现一直排清水，且排水量较正常冲洗水量大的现象。此时只要稍用力就可将短流活门打开，安装在罩体的真空表读数接近于零，则说明冲洗罩定位不准确，密封不好，若重新定位仍是如此，则说明密封装置已失效，罩体损坏，应停止放水进行彻底的检查修复。

④有时滤池冲洗结束后，由于某些原因，短流活门未能及时打开，致使冲洗罩内外产生压差，无法移动罩体。此时，可人为破坏出水虹吸，使池内水位迅速上升，消除压差，使短流活门开启，冲洗罩体能够正常移动，恢复滤池的正常运行。

⑤有时冲洗过程，出现冲洗排水量明显减少，冲洗水又比较清的现象。此时短流活门不易拉动，真空值有所下降，说明虹吸管或罩体部分有漏气点，应查明修复。

⑥在运行过程中，突然出现待滤水浑浊度超标或进水量增大时，会使滤池的水头损失增加较快，为确保滤池运行的正常，应人为缩短滤池的工作周期，采用连续冲洗的办法减少滤层的积污量，提高滤池的过滤效率。待水质或水量恢复正常后，再按原程序运行。

⑦当罩体发生故障，可能会导致滤池较长时未能冲洗的现象，应减少进水量或暂停该滤池的运行，待排除故障，人为操作连续冲洗后，方可按原程序运行。

⑧在运行过程中，运行管理的值班人员，应认真、如实做好滤池的运行记录，如滤池罩体所在位置记录，并认真核定滤池罩体所在位置与程序控制器上的格数显示是否相同，如果不同，查明原因，申报检修。

⑨在运行过程中，若冲洗罩停留在某一格上反复冲洗或跳过某一格进行冲洗，则说明定位装置失灵，应给予调整。若冲洗罩体长时间停留不走也不冲洗，则应从控制器、电气开关箱、通讯机构、行走机械等方面检查，及时排除故障。非能力范围应及时申

报修复。

⑩冲洗罩体是移动冲洗罩滤池的关键设备,它的完好情况直接影响滤池的运行效果。运行管理人员应经常检查设备的工作状况,厂部应对该设备进行定期的保养检修,尽力避免机、电故障。各种易损件的备品备件要齐全,缩短突击抢修设备故障的时间。

4. 滤池的检查、保养和维修

为了使快滤池经常保持良好的运行状态,除了认真执行以岗位责任制为中心的各项规章制度外,还必须定期对过滤的滤速和水头损失的逐时变化值、冲洗强度和滤层膨胀率、滤料表层的含泥率进行测定;并对所测数据进行分析,如发生异常情况,要找出原因,及时采取措施,做好记录,有的可作为安排检修计划的依据。

(十一)其他形式滤池

翻板滤池就是滤池反冲洗排水舌阀(板)在工作过程中是在 0 ~ 90°范围内来回翻转而得名。该池型具有滤料流失率低、反冲洗耗水量少、占地面积小等优点,现在我国有香港大埔水厂、嘉兴石臼漾水厂、昆明七水厂、深圳獭湖水厂、顺德容里水厂等使用。

1. 翻板滤池工作原理

同其他类型气水反冲洗滤池相似,翻板滤池(见图 2 - 45)来水通过进水堰均匀流入滤池,以重力渗透穿过滤层,经配水系统汇入集水室至出水管;出水采用气动调节蝶阀控制,以实现恒水位过滤。滤池反冲洗时,先关进水阀,然后按气、水反冲洗两阶段开关相应阀门。一般重复两次后关闭排水舌阀,开进水阀门,恢复到正常过滤工况。反冲洗时翻板阀处于"关闭"状态,反冲洗结束时翻板阀逐步打开,先开 45% ~ 50%,再开到100%。由于排水舌阀的内侧底部高于滤料层 0.2m,而且排水舌阀是在反冲洗结束,滤料沉降 40s 后再逐步开启,因此保证了滤料流失率低(见图 2 - 46)。反冲洗废水一般在 60 ~ 80s 内排完。翻板滤池反冲洗工艺流程见表 2 - 6。

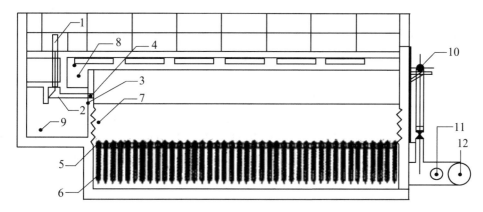

图 2 - 45 翻板滤池示意图

1—翻板阀气缸;2—翻板阀连杆系统;3—翻板阀阀板;4—翻板阀阀门框;

5—滤水异型横管;6—滤水异型竖管;7—滤料层;8—进水渠道;9—反冲排水渠;

10—反冲气管;11—滤后水出水管;12—反冲水管

表2-6　翻板滤池反冲洗工艺流程

步骤	冲洗类型	冲洗时间/s	冲洗强度/ [L/ (s·m²)]
1	气冲	120	15～16
2	气水冲	240～300	气冲：15～16；水冲：3～4
3	水冲	120～150	15～16
4	静置	20	
5	排水	60～80	

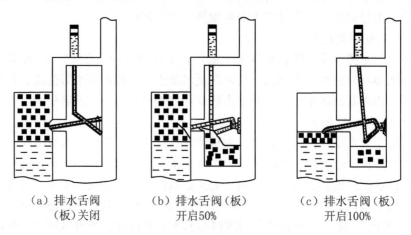

（a）排水舌阀　　　（b）排水舌阀（板）　　　（c）排水舌阀（板）
　　（板）关闭　　　　　开启50%　　　　　　开启100%

图2-46　反冲排水舌阀的启闭状态

2. 翻板滤池的主要特点

（1）滤料、滤层可多样化选择

根据滤池进水水质与对出水水质要求的不同，可选择单层均质滤料或双层、多层滤料，亦可更改滤层中的滤料。一般单层均质滤料采用石英砂（或陶粒）；双层滤料为无烟煤滤料与石英砂（或陶粒与石英砂）；当滤池进水水质差，如原水受到微污染，含有机物较高时，可采用颗粒活性炭、无烟煤滤料等。

（2）滤料反冲洗强度高、周期长与含污能力强

翻板滤池反冲洗的水冲阶段（第三阶段）强度达 15～16L/（m²·s），使滤料膨胀成浮动状态，从而冲刷和带走前两阶段（气冲阶段、气水冲阶段）擦洗下来的截留污物和附在滤料上的小气泡。一般经两次反冲洗过程，滤料中截污物遗留量少于 $0.1kg/m^3$，从而使翻板滤池的运行周期延长。通常情况下，翻板滤池的过滤周期为 30～60h。

（3）独特的配水配气系统

翻板滤池有着独特的配水配气系统（见图2-47），形成双层气垫层，保证布水、布气均匀。

所有气水反冲洗滤池都要考虑反冲洗效率的最大化，实现效率最大化的根本途径：一是要适度反冲洗，这点靠设定适当的反冲洗强度和延续时间来达到；二是整个滤池的均匀配水和配气。翻板滤池的配水配气系统由三个部分组成：①池底的纵向配水配气渠；②竖向配水配气管（连通管）；③横向配水配气管（面包管）（见图2-48）。

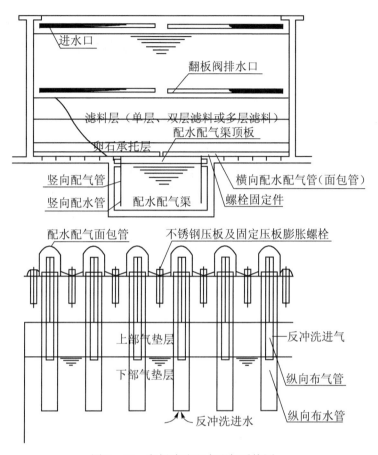

图 2-47 翻板滤池配水配气系统图

滤池在进行正常过滤作业时，待滤水穿过滤料层经过面包管顶部和侧面小孔以及底部的大孔进入面包管，然后通过竖向配水连通管流入池底纵向配水配气渠（此时充当出水汇水渠）并流出池外。

当滤池在进行反冲洗时，反冲洗水自池底纵向配水配气渠、竖向配水连通管进入面包管，然后通过面包管上各个孔洞散布到滤池的各个角落；滤池在进行气冲时，压缩空气先进入池底，纵向配水配气渠在水渠上部形成气垫层（下气垫层），当气垫层形成到一定厚度时，空气从竖向配气连通管进入面包管，并在面包管上部形成另一个气垫层（上气垫层），当面包管上部气垫层形成到一定厚度时，压缩空气就会从面包管两侧的小孔里大量释放到滤料层中，

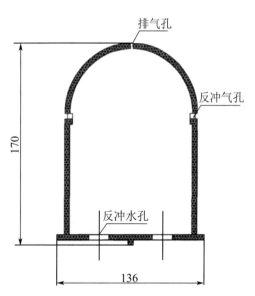

图 2-48 横向配水配气管（面包管）断面

形成气冲。

由于翻板滤池的配气系统有上下两个气垫层，这对缓解气流对配水室的脉动作用造成的液面不平和气量不均，以及提高布水布气的均匀性起到较大作用，从而大大提高反冲洗效率。

四、消毒

（一）目的

消毒是指清除或杀灭外环境中的病原微生物及其他有害物生物。

在对"消毒"一词的含义的理解上，有两点需强调：

一是消毒是针对病原微生物和其他有害微生物的，并不要求清除或杀灭所有微生物。

二是消毒是相对的而不是绝对的，它只要求将有害微生物的数量减少到无害的程度，而并不要求把所有有害微生物全部杀灭。

在给水处理中，消毒工艺的目的，是消灭或灭活致病细菌、病毒和其他致病微生物。

地表水经混凝、沉淀、过滤后，水中杂质、菌类以及病毒等已被大部分去除，但滤后水仍可能存在数量不等的致病菌或病毒，容易造成水致疾病的传播。消毒仍然是最重要的防止水致疾病的处理方法。

（二）消毒方法

水的消毒方法可分为两大类：

一是物理方法：用加热、紫外线和超声波消毒等。

二是化学方法：在水中投加氧化剂/消毒剂，如氯（Cl_2）、臭氧（O_3）、二氧化氯（ClO_2）、氯胺和高锰酸钾（$KMnO_4$）等。

目前在公共给水中，用氯消毒的方法最为广泛，也有采用臭氧的消毒方法。

氯的主要来源为液氯和氯的化合物。氯的化合物常用的有漂白粉（或漂白精）和次氯酸钠等。

（三）氯的性质

氯的性质见本章第四节内容。

（四）氯消毒原理

氯气加入水中后，产生一系列化学变化。氯很快地产生水解，产生次氯酸（HClO），其反应式如下：

（1）当水中无氨氮存在时：

$$Cl_2 + H_2O \Longleftrightarrow HClO + HCl$$

次氯酸是一种弱电解质，它按下式分解成 H^+ 和 ClO^-：

$$HClO \Longleftrightarrow H^+ + ClO^-$$

对于消毒机理，近代认为，次氯酸（HClO）起了主要消毒作用。

次氯酸根（ClO^-）离子，带负电荷，而细菌表面同样带负电荷，由于电斥力作用下，很难靠近细菌表面，因而消毒效果很差。次氯酸（HClO）是相对分子质量很小的中性分子，不带电荷，能很快地扩散到细菌表面，并透过细胞壁与细胞内部的酶起作用，破坏酶的功能。"酶"是一种蛋白质成分的催化剂，它存在于所有细胞中，数量虽然很少，但对于吸收葡萄糖，促进新陈代谢，维持细胞生存，起了极其重要的作用。HClO 破坏酶从而达到杀菌的作用。

HClO 与 ClO⁻ 在水溶液中的比值，决定于 pH 值与温度，它们的关系如图 2 - 49 所示。

由图可知，pH 值保持在 6.0～7.0 之间是比较理想的。从图看到，当 pH 值在 7 以下时，次氯酸占压倒优势；pH = 7.4 时（20 ℃），HClO 与 ClO⁻ 含量相等；pH 值在 7.5 以上，ClO⁻ 占主要地位；当 pH > 9.5 时，则几乎全是 ClO⁻。总之，为增大次氯酸（HClO）的有效成分，加氯消毒时控制 pH 值是很重要的。

氯气（Cl_2）、次氯酸（HClO）和次氯酸根（ClO⁻）的总和称为"游离性余氯"（在水中加入联邻甲苯胺后能迅速显色）。游离性氯消毒能力较强，但维持时间不长；遇水中有酚存在时，易产生"氯酚臭"。

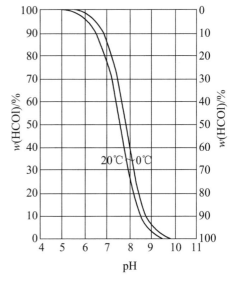

图 2 - 49 不同 pH 值和水温时，水中 HClO 和 ClO⁻ 的比例

（2）当水中存在氨氮时：

$$Cl_2 + H_2O \Longleftrightarrow HClO + HCl$$
$$NH_3 + HClO \Longleftrightarrow NH_2Cl + H_2O（一氯胺）$$
$$NH_2Cl + HClO \Longleftrightarrow NHCl_2 + H_2O（二氯胺）$$
$$NHCl_2 + HClO \Longleftrightarrow NCl_3 + H_2O（三氯胺）$$

从上述反应可见：次氯酸 HClO，一氯胺 NH_2Cl、二氯胺 $NHCl_2$ 和三氯胺 NCl_3 都存在，它们在平衡状态下的含量取决于氯、氨的相对浓度、pH 值和温度。一般讲，当 pH 值大于 9 时，一氯胺占优势；当 pH 值为 7.0 时，一氯胺和二氯胺同时存在，近似等量，当 pH 值小于 6.5 时，主要是二氯胺；而三氯胺只有在 pH 值低于 4.5 时才存在。

一氯胺（NH_2Cl）及二氯胺（$NHCl_2$）的杀菌能力强，而二氯胺又优于一氯胺。三氯胺（NCl_3）则不起消毒作用。

氯胺消毒时，因氯胺与有机物不起作用，故不产生异味，遇水中有酚存在时，也不会产生"氯酚臭"味。

氯胺的杀菌速度比氯慢，故净水消毒时，需有较长的时间才能达到预期效果。

根据实验，用氯杀菌在五分钟内，杀菌率可达 99% 以上；而用氯胺时，五分钟内杀菌率仅为 60% 左右，需将接触时间延长 20h，才能达到 99% 以上。所以说，化合性余氯的消毒速度要比自由性余氯慢得多。

如采用氯胺消毒，余氯量应为氯的两倍以上，接触时间不少于 2h。

生产使用时，氨与氯的重量比一般控制在 1:4 左右为宜。反应式如下：

$$NH_3 + Cl_2 \longrightarrow NH_2Cl + HCl$$

相对分子质量　　　　　　 17　　 71

$M（NH_3）:M（Cl_2）= 17:71$ 化简得 1:4.2

如按上述比值增大至 1:7.31 时，则氨氯全部分解成 N_2 及 N_2O，余氯将全部消失。反应式如下：

$$4NH_3 + 4Cl_2 \longrightarrow 4NH_2Cl + 4HCl$$

$$4NH_2Cl + 3Cl_2 + H_2O \longrightarrow H_2 + N_2O + 10HCl$$

两式相加：$4NH_3 + 7Cl_2 + H_2O \longrightarrow N_2 + N_2O + 14HCl$

相对分子质量：68　　479

由上式可知，氨氯比达 68：479 时，化简为 1：7.04。为此，在采用氯胺消毒方法时，应注意氨氯比（重量计）不要超过 1：7 为宜。

也有解释为：当氯和氨氮中的氮（N）的重量比例小于5：1时，则为一氯胺；当氯和氨氮中的氮（N）的重量比例大于5：1时，出现二氯胺，并与一氯胺作用，使余氯下降；当氯和氨氮中的氮（N）的重量比例等于9：1时，则出现"折点"；当加氯后的水，pH＜4.4时，出现三氯胺；当氯和氨氮中的氮（N）的重量比例大于9：1时，则出现游离性余氯，以后随着加氯量的增加，游离氯在余氯中的比例越来越大，氯胺比例越来越小。

水中存在的一氯胺（NH_2Cl）、二氯胺（$NHCl_2$）和三氯胺（NCl_3），称为化合性余氯。

如水中同时存在游离性余氯（或称自由性余氯）和化合性余氯（也称结合性余氯），则其总和称为总余氯。

（五）加氯消毒注意事项

1. 加氯量的确定

对于生活饮用水来说，加氯量是一个很重要的问题，加氯量过多不仅是浪费，而且会使水产生氯臭，给人们一种不愉快的感觉；加氯量不足，则达不到消毒杀菌的效果。加氯于水中，不但可杀死细菌，而且还和水中的有机物起作用，使水的色度、浊度、臭味得到进一步改善。加氯量的多少，除了足以达到对水的消毒以及氧化有机物外，还应考虑维持一定的余氯，用以抑制水残存细菌的再度繁殖、防止水在管网中再度受到污染。因此，要做到投加量的比例准确，我们应按水的"吸氯量"来参考确定投加氯量的多少。

吸氯量——即在一定体积水样中，加入氯后，经一定时间接触参与水的氧化及对菌类进行灭活所消耗的氯量。（单位：mg/L）。

吸氯量的测定方法：

（1）取 3～4 个 500mL 具塞玻璃瓶，分别注入 400mL 水样。

（2）吸取标准氯水，分别按有效氯 1mg/L、1.5mg/L、2.0mg/L、2.5mg/L 加入上述四个玻璃瓶中，摇匀，加盖。

（3）静置 30min，测定各瓶剩余氯量。

（4）计算：吸氯量（mg/L）＝投加氯量－余氯量。

最后鉴定：投加氯量最小，还有剩余氯时，则取该数计算水样的吸氯量。最好同时以细菌检验配合，所得吸氯量更为确切，并可积累资料，作为今后参考。

如采用氯胺消毒时，则需先加标准氨水，摇匀后再加标准氯水（可按氨氯比为1：4），操作同上，但静置时间应为 60min。

在生产过程中，可能损耗一部分氯量，其损耗量与季节、水温有关。故在生产实践中，分季节测定"损耗量"，再结合本厂生产要求所需的出厂余氯量要求范围（取其高限），即得出我们所要求的"需氯量"。即：

需氯量（mg/L）＝吸氯量＋损失量＋余氯量

根据需氯量，按每小时水量计算即可得出生产所需的投氯量。即：

$$投氯量(kg) = \frac{需消毒水量(m^3) \times 需氯量(mg/L)}{1000}$$

2．消毒时间和余氯量的确定

根据我国《生活饮水卫生标准》（GB 5749—2006）规定：

（1）采用纯氯消毒——出厂水的游离性余氯，在接触30min后，应不低于0.3mg/L，在管网末梢水应不低于0.05mg/L。

（2）采用氯胺消毒——出厂水的游离性余氯，在接触120min后，应不低于0.5mg/L，在管网末梢水应不低于0.05mg/L。

3．用氯消毒的情况参考

（1）凡出现如下情况之一，可考虑实施原水加氯：

① 原水总大肠菌群数月平均值每升超过10000个；

② 原水游离氨月平均值超过0.5mg/L；

③ 清水池消毒接触时间小于30min；

④沉淀池、滤池内孳生藻类影响水质。

原水加氯量应以能维持沉淀池出口化合性余氯达0.5mg/L以上。

（2）凡符合原水加氯条件的水厂，可根据本厂具体情况，采用一次消毒或两次消毒（即滤前加氯至沉淀池出口余氯达0.5mg/L左右、滤后补充至出厂要求余氯范围）。

（3）使用一次消毒方式时，滤后补充加氯设备应同时设置，以便随时启用。

（4）管网过长而末梢余氯难以靠出厂余氯维持达到0.05mg/L时，应设中途加氯站进行补充加氯，出水余氯以不低于0.3mg/L为宜；如非连续运行之加压站（带水库），可实行出库加氯方式务使出水余氯达0.3mg/L以上。

（5）采用原水一次氯胺消毒方法时如在正常情况下，发现反应池出水余氯突然大幅度下降甚至为零（空间有氯气味），加大氯量后，余氯量仍未回升，则应迅速检验水中游离氨及余氯含量情况。如含氨极微或检出为零，余氯微量或为零，则在确定加氯、氨设备正常的情况下，应立即把加氯量减少或把加氯阀门关尽，重新开启至平时正常位置，氨量应稍加大，至水中余氯逐步回升至要求范围，氨也逐渐调整至正常投加量（原水一次胺氯消毒法，如原水不存氨或低于0.4mg/L，要求沉淀池出水的化合性余氯达1.0mg/L以上时，氨的投加量以调整至沉淀水含游离氨在0.3～0.4mg/L为宜）。

（六）消毒方式

在水厂生产消毒工序中，各城镇根据本厂的具体情况而采用不同的消毒方式，现归纳如下：

①先氯后氨。先加氯使水彻底消毒后，在出厂时再加氨，使余氯稳定持久。

②先氨后氯。先加氨使之与水混和后再加氯。

③滤后消毒。将净化过滤后才进行加氯消毒。

④滤前消毒。将氯投加于过滤之前（在混和槽或吸水头部管道），这样可破坏水中大部分能妨碍混凝沉淀的有机物，使之易于凝聚沉淀，同时又可使净水构筑物及滤料保持清洁，这种方式，氯量增加不多，但矾量相对可减少。这种消毒方式，又可分为两种：

a．一次加氯，即在第一次抽升时，一次加足氯量并满足出厂自来水余氯要求；

b. 两次加氯，即在第一次抽升时，先加一部分氯再在滤前或滤后补充加氯，以满足出厂自来水余氯之要求。这种方法，效果与一次加氯相同，但用氯量可相对减少。

⑤折点加氯消毒。当水源水质受严重污染时可考虑使用，消毒效果好，但氯的消耗量较大。

在水厂对水的消毒问题上，无论采用何种方式，均应视本厂水源水质，净化设备条件等而定。总而言之，应以出厂自来水水质符合国家颁布的《生活饮用水卫生标准》为原则。

附：折点加氯原理

当水体受污染含有还原物、有机化合物及氨等，则在加氯之后：

①氯迅速被水中还原物所吸收，无余氯反应，如图2-50中的曲线甲段所示。

②继续加氯，水中的有机物及还原物等继续与氯反应生成氯的有机化合物及氯胺，此时水中全部的氨参与反应生成氯胺。如曲线中乙段所示。

$$NH_3 + Cl_2 \longrightarrow NH_2Cl + HCl$$
$$NH_3 + 2Cl_2 \longrightarrow NHCl_2 + 2HCl$$

③再继续加氯，则已生成的氯胺又继续与氯作用而被分解，故余氯不但无增高，反而下降，如曲线中丙段所示。由于加氯反应后产生一系列的作用。如：

$$NH_2Cl + NHCl_2 \longrightarrow N_2 + 3HCl$$
$$2NH_2Cl + Cl_2 \longrightarrow N_2 + 4HCl$$
$$4NH_2Cl + Cl_2 + H_2O \longrightarrow N_2O + N_2 + 10HCl$$
$$NHCl_2 + Cl_2 \longrightarrow NCl_3 + HCl$$
$$NHCl_2 + H_2O \longrightarrow HCl + NH(OH)Cl (氯羟氨化合物)$$
$$NH(OH)Cl + 2HClO \longrightarrow HNO_3 + 3HCl$$

④再继续加氯，因氯胺已全部参与反应，不再与氯作用。由于水中的杂质已全部被破坏，故氯的消耗很少，因此余氯又复上升，如曲线中的丁段所示。此时的余氯是游离性氯。

总的来说，加氯量是远远大于余氯量的。当氯的有机化合物及氯胺剩余量降到最小值，如曲线中的 OC 段的"C"点，称为"折点"。

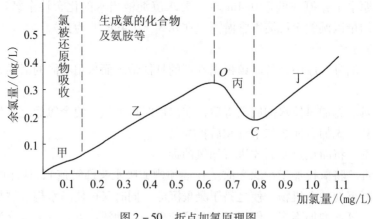

图2-50 折点加氯原理图

（七）液氯加氯设备

1. 液氯钢瓶

液氯钢瓶基本有两种式样：一种是和氧气瓶相类似的立式小瓶，容量较小，水厂使用不方便，已基本淘汰；另一种是卧式的大瓶，容量有 350kg、500kg、1000kg 等几种规格。

液氯钢瓶，盛有液氯时，不能在烈日下曝晒或靠近高温处，以免气化时压力过高而发生意外。

液氯钢瓶，为保险起见，钢瓶装有一双或数双低熔点安全塞（见图 2－51），由熔点为 70℃ 的合金制成，当外界温度超过 65℃ 时，安全塞自行熔化，氯从钢瓶逸出，不致引起钢瓶爆炸。

液氯钢瓶能承受 3.43MPa 的压力，而在 70℃ 时，氯瓶内的压强只有 2.15MPa，所以是安全的。

液氯钢瓶内的液氯，一般只装满 80% 左右，目的是使钢瓶上部留出一些气化的空间，既防止因意外爆炸，又便于取用氯气。

卧式液氯钢瓶装有两双出氯总阀，使用时应摆成上下成直线，并垂直于地面（见图 2－51）。氯气从上面一双阀门出来到加氯机。

液氯钢瓶的出氯总阀都和一根弯管连接，弯管伸到瓶内液氯面以上，见图 2－51，所以，只要钢瓶放置得当，出来的总是氯气。

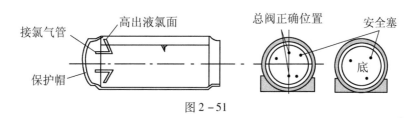

图 2－51

为防止运输、装卸时碰坏出气总阀，在总阀外加上保护帽（见图 2－51）。

液氯钢瓶上，所有螺纹，均是右旋螺纹。

2. 加氯机

加氯机是用来均匀地将氯气加到水中。加氯机有两种，一种是转子加氯机，一种是真空加氯机。

转子加氯机由于加注量都较小，现已基本不使用。

真空加氯机采用真空加氯，安全可靠，计量准确，可手动和自动控制，有利于保证水厂安全消毒和提高自动化程度，国内水厂大多采用。

从蒸发器出来的氯气，经过加氯机控制和计量后，通过水射器使氯和水混合后再加到水中。

图 2－52 为美国某公司生产的某型号真空加氯机控制单元图。

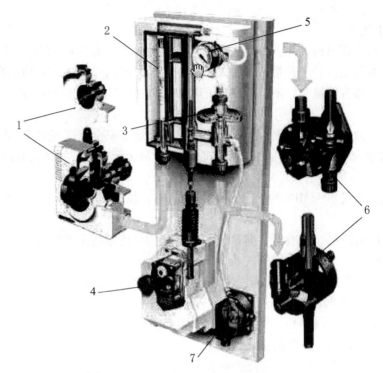

图 2 – 52　真空加氯机控制单元
1—真空调节阀；2—转子流量计；3—差压稳压器；4—自动阀位执行器；
5—真空表；6—水射器；7—真空开关

真空加氯机的工作原理是：依据文丘里原理，首先压力水流经水射器喉管高速喷射产生抽吸，使系统管线逐渐形成真空。当真空达到一定程度时，真空调压器上阀门开启，被送气体送入系统。带压气体经减压器转换为真空气体后进入流量控制器，经转子流量计、流量 V 形槽调节阀并由差压稳压器恒定阀前后压差后进入喷射器，气体在喉管处与水混合为气水溶液，投入被处理水体。

①真空调节阀：由坚固的塑料和金属制成。装于气源处，能立刻将压力气体减压，形成真空。就地和远端放泄阀在调节器内设有压力放泄阀，可就地放泄，或远端放泄。

②转子流量计：提供清晰和精确的投加量显示。

③差压稳压器：保持 V 形槽流量计上下游适当的真空差压，以保证在运行真空不稳定时有稳定的流量计量。

④自动阀位执行器：自动控制时，V 形槽位移最大可至 3″。能够提供更精确的计量。

⑤真空表：膜片保护型真空表，显示运行真空度。正常运行时为绿色区域。

⑥水射器：内置双级截止阀，防止倒流。多种固定安装方向，便于安装。水射器可横向或纵向固定。

⑦真空开关：在真空度过高或过低时，可就地或远端报警。

3．液氯蒸发器

液氯蒸发器是为提高氯瓶出氯量，并保证加氯系统均衡投加的辅助装置。

液氯蒸发器，有采用油作为传热媒介的，也有采用水作为传热媒介的。以水作为传热媒介的，还有采用加循环泵和不加循环泵两种。

蒸发器系统（水为媒介带循环泵）由蒸发室、热水箱、阴极保护装置、控制盘、泄压阀组、液氯膨胀室等组成，见图2－53。

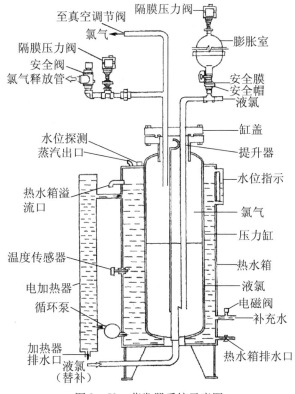

图2－53　蒸发器系统示意图

①蒸发室：是蒸发器主要部件，浸泡在热水箱中，液氯进入蒸发室底部，经热传导，蒸发为过热氯气，由蒸发室上部出气口送出，出气率恒定则液氯液位恒定；若出气率增加，室内压力降低，液压使室内液位上升，液氯受热面增大，蒸发加快，当气压升至与液压相等时，液压达到再平衡。若出气率减少，则产生相反现象。

②热水箱：经电加热器加热后的水由泵强制循环送入热水箱。由高低水位差控制进水电磁阀启闭，实现水位自动调节，保持水位一定，并由恒温器、水温传感器对水温进行控制，使其恒定在一定范围。

③阴极保护装置：阴极保护利用镁棒作为牺牲阳极，插入水箱中，以适量硫酸钠溶于水中，以保持恒定导电性，达到水箱壁和蒸发室壁的防腐目的。

④控制盘：通常设在蒸发器上方。上面设有电源接线端子、带有控制功能和报警接点的印刷电路板、控制开关、电源指示器、报警灯、水位观察窗、气温表、气压表、水温计、阴极保护电流计、阴极保护控制旋钮和电源熔断开关。

⑤泄压阀组：由安全膜以压力开关组成，装在蒸发器氯气出口处。当氯气压强达到2.76MPa时安全膜破裂，压力开关动作，并提供报警。在压强达3.9MPa时泄压阀开启，将氯气排除泄压。

⑥液氯膨胀室：装在氯瓶和蒸发器之间的液氯管道上，用于防止液氯管道阀门误关闭。当液氯升温汽化时，冲破膨胀室安全膜进入膨胀室，以避免管道破裂，液氯膨胀室设有压力开关，并可外接报警。

（八）液氯管理及安全措施

为预防氯事故的发生，应加强氯瓶安全管理，如定期检查、试压外，还要严格执行安全用氯操作制度，防止事故的发生。

1. 安全用氯措施

下面提出一些安全用氯措施，供生产运行中参考。

①套在氯瓶阀外的保护帽应注意旋紧，不能随意去掉。氯瓶在搬运过程中，上下车辆时要小心轻稳，不能让氯瓶乱滚，更不能从车上直接甩下，否则容易造成逸氯危险，或因震荡，使瓶内弯管松动或断裂，影响使用。

②氯瓶和加氯机不要放在阳光下或靠近高温处。氯应放在阴凉、干燥处，并应有降温装置。冷天气温过低时，须设法升温保暖，以保证液氯正常气化，防止输氯管产生冰冻而阻塞。氯瓶出氯管出现冻结，应用温水或自来水淋洒解冻，严禁用火烤，以防止安全塞熔化而造成喷氯事故。

③发现氯瓶出氯总阀阀芯过紧难以开启时，不得用榔头敲击，也不能用长扳手硬扳（使用开氯瓶总阀的工具，其长度不得大于18cm），以免扭断阀颈。

④开启氯瓶总阀时，应先慢慢旋开少许，用氨水检查有否漏气（有漏氯时，可见白色烟雾）。禁止用鼻子寻找漏气部位。

⑤氯瓶内，不可使其产生负压，即不要把液氯全部用完，防止水倒吸入瓶内，使瓶受腐蚀（$Cl_2 + H_2O \longrightarrow HClO + HCl$）。

⑥使用液氯，应在氯室外最近位置，设置防毒面罩（连滤毒罐）2～3套，预防万一；另需备有"解氯糖浆"或片糖、尖形竹签、维修工具等，以应急用。

⑦氯瓶用完尚未运走，应挂"空瓶"牌子，以免弄错。

⑧如氯瓶大量漏氯气而无法制止时（如氯瓶总阀颈断、安全塞熔化、砂眼喷氯等），首先保持镇定，人居上风位置，带好防毒面具，把漏氯部位移向最高点，不让液态氯流出。如能用竹签塞住的，应尽快嵌塞，并把氯瓶移到水体中，或用大量自来水喷向出氯口，使氯气溶于水中，以减少对空气污染，或把氯气接引到碱溶液（如石灰液、烧碱液）中进行中和。

⑨加氯机在运行过程中，如遇压力水突然中断，应根据相关操作规程迅速关闭相应阀门，避免漏氯事故。

⑩加氯机氯气管如有阻塞，须用钢丝疏通，再用打气办法吹掉垃圾，不准用水冲洗。

⑪由于氯比空气重，排风口应在房间下部。

⑫防毒面罩使用注意事项：

a. 防毒面罩有大小型号之分，设置时，应按值班人员面型，选用合适型号。

b. 防毒面罩备用期间，应放入密封框内保存，并按说明书定期更换滤毒罐。

c. 使用防毒面罩时，必须套上滤毒罐，记紧旋开滤毒罐下面的进气口盖，并使滤毒罐固定在腰部位置。用完，重新把盖旋紧（防止经常吸附空间轻微氯味、使其滤氯性能减弱或失效）。

d. 使用防毒面罩时，最好在戴面罩后，用手捏紧面罩与滤毒罐连接的气管，如感到呼吸困难，说明防毒面罩没有漏气，这样更为保险。

2. 氯气吸收装置

氯气吸收装置，又称泄氯吸收装置、漏氯中和装置、漏氯吸收装置，是一种发生氯气泄漏事故时的安全应急设备，可以对泄漏氯气进行吸收处理。为防止氯气泄漏造成的危害，水厂均安装氯气吸收装置。

（1）氯气吸收装置工作原理

目前使用的氯气吸收装置，主要吸收机理有两种：

①利用碱性溶液吸收氯气，属于中和性，反应式为：

$$Cl_2 + 2NaOH = NaClO + NaCl + H_2O$$

从以上反应式可以看出：由于吸收氯气之后的碱液生成盐类结晶无法再生，堵塞吸收塔喷淋管喷头和填料，随着吸收时间的延长，吸收液中氢氧化钠浓度逐渐降低，吸收能力逐渐下降，一次性吸收氯气量有限。碱中和型是 20 世纪初期对于氯碱工业内氯气泄漏事故而开发的一种传统技术产品，由于吸收氯气之后的吸收液无法再生使用、后续维护量大、使用寿命短等缺点，现逐步被氧化还原型漏氯吸收装置所取代。

②利用以氯化亚铁溶液作为吸收液，以铁作为再生剂，氯与氯化亚铁发生氧化还原反应后生成氯化铁，并可用再生剂还原，属于氧化还原性，反应式为：

吸收（氧化）反应：　　　　$2Fe^{2+} + Cl_2 = 2Fe^{3+} + 2Cl^-$

再生（还原）反应：　　　　$2Fe^{3+} + Fe = 3Fe^{2+}$

从以上反应式可以看出：亚铁盐的吸收和再生是同步进行的，一次性可以吸收大量的氯气，远远大于额定的吸收能力（从以上反应式中可以看出原因所在），不需要更换吸收液，也不会产生结晶，但一次性吸收氯气的量也不会无限额的，根据物质不灭定律，吸收的氯气生成三价铁盐（Fe^{3+}）再通过还原反应生成二价铁盐（Fe^{2+}）贮存在再生箱中，再生箱的空间和再生剂是有限的，当装置吸收大量氯气时，只需回收部分吸收液，添加再生剂即可。

采用亚铁氧化还原反应方法的主要特点有：吸收能力强、容量大，二氯化铁溶液吸收氯气生成三氯化铁（氯化铁）溶液，三氯化铁溶液又与吸收反应箱中的铁屑反应生成二氯化铁溶液，使二氯化铁浓度随着氯气的吸收而不断地得到增加，从而令吸收能力增强，容量不断扩大；吸收剂不老化，腐蚀性小，无需更换，可不断循环使用。

（2）氯气吸收装置的组成

①主要组成：氯气吸收装置由主体部分、控制部分、布风系统三部分组成。

主体部分由溶液箱、吸收塔、防腐液下泵、离心风机、浮球液位计、吸收液等部件组成。

控制系统由 PLC 控制柜、漏氯报警仪组成。

布风系统由吸风地沟和送风布风管组成。

②工作流程：当有氯气泄漏时，安装在氯瓶间和加氯间中的漏氯报警仪开始报警，并将漏氯信号传递到泄氯吸收安全装置，装置自动运行，风机和泵开始运转。风机将含氯气体由下往上送入吸收塔，泵抽取吸收液由上往下喷淋，含氯气体在吸收塔填料内接触反应，反应结束后，尾气返回氯瓶间，反应后的液体回流到溶液箱，经过再生后又被抽到吸

收塔内进行反应，不断循环使用。

（3）装置的维护及其他注意事项

①本装置每周至少应人工启动一次进行测试，每次10min，以确保装置处于正常备用状态。

②必须保证泄氯吸收装置控制箱长期供电。

③漏氯报警器处于完好状态并且保持工作状态。

④加氯间和氯瓶间平时应常闭，特别是发生泄氯事故时，要马上关闭门窗，防止氯气外逸，并启动本装置进行吸收处理。

⑤当发生泄氯事故时，除了立即启动装置进行吸收外，还要想办法尽快关闭泄漏源，才能有效地处理泄氯事故。

⑥吸收液液位保持在800mm以上，当液位高度低于800mm时，可补充新鲜水至总液位1000mm。

⑦泵及风机处于完好状态，平时要进行常规的机电检修，确保其随时可投入运行。

⑧吸收液腐蚀性小，少量粘到皮肤上或溅到眼睛里，必须马上用大量清水冲洗。

（4）故障及处理

①漏氯时，本吸收装置不能自动启动。

解决方法：检查漏氯报警器是否正常、控制档是否在"自动"、风机和泵是否正常，电气控制回路有无问题。

②风机和泵的故障灯亮。

解决方法：检查风机和泵及其控制回路。

③装置运行后，吸收不了氯气。

解决方法：检查进气口有无堵塞、吸收液液位是否正常。

（5）溶液更换

为保证吸收装置内吸氯溶液的浓度，使用单位应该定期对溶液的浓度进行检查，一般可以由厂内化验人员检查或具有相关监测资质的单位进行检验。

当溶液的浓度低于要求的浓度时，使用单位应立即与厂家联系进行溶液补充或更换。

（九）氯胺消毒

氯胺消毒作用缓慢，杀菌能力比自由氯弱。但氯胺消毒的优点是：当水中含有有机物和酚时，氯胺消毒不会产生氯臭和氯酚臭，同时大大减少THMs产生的可能；能保持水中余氯较久，适用于供水管网较长的情况。

氯胺的灭活微生物机理和氯相类似，通过破坏细胞膜来影响膜的渗透性，并伤害细胞的代谢功能。氯胺消毒的作用缓慢，杀菌能力比游离氯弱得多，从 C_t 值考虑，达到同样消毒效果时，在相同消毒剂浓度下，氯胺需要较长的接触时间，一般不少于2h。

人工投加的氨可以是液氨、硫酸铵（NH_4）$_2SO_4$ 或氯化铵 NH_4Cl。水中原有的氨也可利用。硫酸铵或氯化铵应先配成溶液，然后再投加到水中。液氨投加方法与液氯相似。

氯和氨的投加量视水质、水温不同而有不同比例。一般采用的质量比是氯：氨 =（3:1）～（4:1），因各地水质不同，需通过试验确定。当以防止氯臭为主要目的时，氯和氨的比例可以小些；当以杀菌和维持余氯为主要目的时，氯和氨之比应大些，按各水厂的实际情况确定。

采用氯胺消毒时，除了注意氯和氨的质量比外，还要控制投药的先后次序。一般先加氨，待其与水充分混合后再加氯，这样可减少氯臭，特别当水中含酚时，这种投加顺序可避免产生氯酚恶臭。但当管网较长，主要目的是为了杀菌效果好和维持足够的余氯，可先加氯后加氨。有的以地下水为水源的水厂，可采用进厂水加氯消毒，出厂水加氨以稳定余氯的工艺。

（十）其他常用消毒剂

1. 漂白粉

漂白粉是俗称，其化学名称应为"氯化次氯酸钙"。是将氯通入石灰中制得，它的组成不稳定，据有关资料介绍，漂白粉中含有 $Ca(ClO)_2 \cdot 2H_2O$、$Ca(OH)_2$、$3Ca(ClO)_2 \cdot 2Ca(OH)_2 \cdot 2H_2O$、$Ca(OH)_2$ 及游离水分等。漂白粉的化学分子式一般写成 $CaOCl_2$［或 $CaCl(ClO)$］。漂白粉的有效氯含量一般为 20%～30%，新鲜的漂白粉含有效氯达 33% 以上。在贮存过程中，有效氯成分会分解而逐步损失，因此在使用时，应检验确定其实际有效氯含量。漂白粉的贮存，应在阴凉、干燥的地方，这样保存时间可延长。

漂白粉使用时，一般均加水配成溶液后加注。漂白粉和水的反应如下：

$$2Ca(ClO)_2 + 2H_2O \Longleftrightarrow CaCl_2 + Ca(OH)_2 + 2HClO$$

与氯消毒时一样，$HClO$ 起消毒作用。

配制漂白粉溶液时，应先把漂白粉加入少量水，使之调成浆糊状（以不结块为准），然后再加水配成 1%～2% 溶液，澄清后，取清液，另池贮存。渣仍含有效氯，可再浸渍、沉淀、清液使用。但使用时必须检验清液有效氯含量，以便计量投加。

2. 次氯酸钠

次氯酸钠是通过电解饱和食盐水制得（食盐水事先须净化处理、除钙镁等杂质）。电解反应如下：

$$2NaCl + 2H_2O \longrightarrow 2NaOH + H_2 \uparrow + Cl_2 \uparrow$$
$$2NaOH + Cl_2 \longrightarrow NaCl + NaClO + H_2O$$

制得的次氯酸钠溶液，其有效氯成分也很高。此外，还有次氯酸钙及高效次氯酸钙等，作用与次氯酸钠相同。有些化工厂，在电解食盐生产液氯时，把氯气直接通入氢氧化钠（$NaOH$）溶液中，制得次氯酸钠，其有效氯含量为 8%～10%。

次氯酸钠在水溶液中反应式为：

$$NaClO \longrightarrow Na^+ + ClO^-$$
$$ClO^- + H_2O \Longleftrightarrow HClO + OH^-$$

3. 二氧化氯

二氧化氯是一种有选择性的强氧化剂，在水处理中，能破坏酚类及排除因苯酚受氯化时所引起的臭和味，杀菌力很强，同时不受 pH 的影响，不与氨反应，适用于含氨氮的原水，亦不会产生卤化有机物（如 $CHCl_3$（三氯甲烷）等）。它是红黄色气体，不能贮存，也不能压缩装运，一般是现配现用，价格较贵。

①二氧化氯 ClO_2 由亚氯酸钠溶液和氯反应而成：

$$2NaClO_2 + Cl_2 \longrightarrow 2ClO_2 + 2NaCl$$

Cl_2 与 $NaClO_2$ 的重量比，理论上是 1mol 氯比 2mol 亚氯酸钠，即可用 0.762kg 80% 纯度（工业用）的 $NaClO_2$ 与 0.227kg 纯氯反应产生 0.454kg 的 ClO_2，但为了加快反应速

度，均采用1:1的比例。

②二氧化氯用酸与亚氯酸钠溶液反应制得：

用盐酸或硫酸与亚氯酸钠反应均可制取 ClO_2：

$$5NaClO_2 + 4HCl \longrightarrow 4ClO_2 + 5NaCl + 2H_2O$$

$$10NaClO_2 + 5H_2SO_4 \longrightarrow 8ClO_2 + 5Na_2SO_4 + 4H_2O$$

在制备时，需注意酸不能与固体 $NaClO_2$ 相接触，否则将产生爆炸；另外尚需注意浓度控制，浓度过高（32% HCl；24% $NaClO_2$）化合时，也将产生爆炸。

③二氧化氯可用氯水溶液与亚氯酸钠液反应而成：

$$Cl_2 + H_2O \Longleftrightarrow HClO + HCl$$

$$2NaClO_2 + HClO + HCl \Longleftrightarrow 2ClO_2 + NaCl + H_2O$$

4. 臭氧（O_3）

臭氧有很大的氧化能力，它不但能杀灭一般细菌，而且对病毒、芽孢等也有很大杀伤效果。

臭氧消毒，不受水中 pH 和氨氮的影响，并对于氧化水中有机物质除铁、锰、臭味和色度，也有良好效果，但不可能像保持余氯那样保持 O_3，并应有补充加氯设置。

臭氧也不能贮存，只能边生产边用。

臭氧的主要性能见本章第四节内容。

5. 各种消毒方法优缺点与适用条件

各种消毒方法优缺点与适用条件见表2-7。

表2-7 各种消毒方法优缺点与适用条件

方法		分子式	优缺点		适用条件
化学方法消毒	次氯酸钠	NaClO	优点：（1）具有余氯的持续消毒作用；（2）操作简单，比投加液氯安全、方便；（3）使用成本虽较液氯高，但较漂白粉低	缺点：（1）用次氯酸钠发生器制取时不能贮存，必须现场制取使用；（2）目前设备尚小，产气量少，使用受限制；（3）必须耗用一定电能及食盐	适用于小型给水
	二氧化氯	ClO₂	优点：（1）不会生成有机氯化物；（2）较游离氯的杀菌效果好；（3）具有强烈的氧化作用，可除臭、去色、去锰、去铁等物质	缺点：（1）操作不适当时易引起爆炸；（2）不能贮存，必须现场制取使用；（3）制取设备复杂；（4）操作管理要求高；（5）成本较高	适用于有机污染严重时
	臭氧消毒	O₃	优点：（1）具有强氧化能力，为最活泼的氧化剂之一，对微生物、病毒、芽孢等均具有杀伤力，消毒效果好，接触时间短；（2）能除臭、去色及去除氧化铁、锰等物质；（3）能除酚，无氯酚味；（4）不会生成有机氧化物	缺点：（1）基建投资大，经常耗电费用高，制水成本较高；（2）O_3 在水中不稳定，易挥发，无余氯持续消毒作用；（3）设备复杂，管理麻烦	

（续表 2-7）

方法	分子式	优缺点		适用条件
液氯	Cl_2	优点：（1）具有余氯的持续消毒作用；（2）价格成本较低；（3）操作简单，投药准确；（4）不需要庞大的设备	缺点：（1）原水有机物高时会产生有机氯化物，尤其在水源受有机污染而采用折点投加时；（2）原水中即使含有极微量酚时也会产生氯酚味（"药水气味"）；（3）氯气具有剧毒，使用时需特别注意安全，防止漏氯	液氯供应方便的地方
漂白粉或漂粉精	$Ca(ClO)_2$	优点：（1）具有液氯的持续消毒作用；（2）投加设备简单；（3）价格低廉；（4）漂粉精含有效氯达 50%～60%，使用方便	缺点：（1）同液氯，将产生有机氯化物和氯酚味；（2）易受光、热、潮气作用而分解失效，须注意防潮贮存；（3）漂白粉的溶解和调制不便；（4）漂白粉含氯量只有 25%～30%，因而用量大，设备容积大	漂白粉仅适用于生产能力较小的水厂，漂粉精使用方便，一般在水质突然变坏时临时投加
氯胺	一氯胺 NH_2Cl 与二氯胺 $NHCl_2$	优点：（1）能降低三卤甲烷和氯酚的产生；（2）能延长管网中剩余氯的持续时间，抑制细菌生存与繁殖；（3）防止管网中铁细菌的繁殖；（4）可降低加氯量，减轻氯消毒时所产生的氯酚味和氯臭味	缺点：（1）消毒作用比液氯和漂白粉进行得慢，需较长接触时间；（2）需增加加氨设备，操作管理麻烦	原水有机物多以及输配水管线较长时
紫外线消毒	—	优点：（1）杀菌效率高，需要的接触时间短；（2）不改变水的物理、化学性质，不会生成有机氯化物和氯酚味；（3）已具有成套设备，操作方便	缺点：（1）没有持续的消毒作用，易受重复污染；（2）电耗较高，灯管寿命还有待提高；（3）要求照射面大而水层薄，致使消毒流程设备复杂	适用于工矿企业，集中用户用水，不适用于管路过长的用水

化学方法消毒（第一至第三行）、物理方法消毒（紫外线消毒行）

第二节　生物预处理

我国水源污染的情况比较严重，由于城市和工业废水处理率不高，大量废水没有经过适当处理就直接排入江河湖泊，以致优质的水源越来越少，对饮用水处理工艺的选用造成很大的困难。

现有水厂多数采用常规处理工艺，在水源未受或少受污染或饮用水水质要求不高时，这些工艺在去除水中的悬浮固体、胶体、细菌和病毒等方面还是有效果的，所以常规处理工艺仍是多数国家水厂的主要工艺。但是常规处理工艺一般只能去除 20%～30% 的有机物，约 15% 的氨氮，对某些有机物则难以去除。而且经过加氯消毒使出厂水中存在"三致"（致癌、致突变、致畸）物质。受严重污染的地表水源中的氨氮，也不能通过常规处

103

理有效去除，有些水厂采用折点加氯的方法，在原水管中增加氯的投加量，虽然去除了氨氮，但同时生成了大量消毒副产物，如三卤甲烷和卤乙酸等，这些均属于致癌物质，会危害人体健康。因此常规处理工艺用在微污染水的处理，并不能保证饮用水的水质良好，特别是水质标准不断提高的今天，必须在常规处理的基础上增加其他的处理工艺，置于常规处理前的处理工艺即为预处理。

一、预处理的形式与分类

各地微污染水源的污染物种类和浓度不同，预处理的要求也不一样，应根据各地具体条件选用预处理工艺。

为了解决微污染水的处理问题，使饮用水水质满足现行水质标准，在水厂常规处理工艺的前端，增加化学/生物的处理工艺，称为预处理。

预处理工艺分为生物法和化学法两大类。

生物法是引用污水处理中常用的去除有机物（如 BOD_5、氮和磷等）的生物膜法。水中的有机污染物、氨氮、亚硝酸盐及铁、锰等通过微生物的新陈代谢活动，将其部分去除，以提高混凝、沉淀和过滤效果，同时可减轻后续的深度处理负担，例如可延长活性炭吸附或生物活性炭滤池的使用周期，更好地改善水质，达到更好的饮用水水质。

化学法是在原水中投加混凝剂、氧化剂或吸附剂等，以去除常规处理难以去除的污染物，改善后续常规处理的效果。

应用氧化剂是通过它的氧化能力，破坏水中污染物的结构，达到去除有机污染物、除臭味、除铁、除锰、除藻、除加氯副产物等目的。常用的氧化剂有氯气（Cl_2）、高锰酸钾（$KMnO_4$）和臭氧（O_3）等。

二、轻质滤料生物滤池（BIOSMEDI 生物滤池）

（一）原理

BIOSMEDI 轻质滤料生物滤池是上海市政工程设计研究院针对微污染原水开发的一种新型生物滤池，是一种淹没式上向流生物滤池。该滤池以轻质颗粒滤料为过滤介质，滤料相对密度较小，一般约为 0.1，粒径的大小为 4～5mm，密度及粒径的大小可根据实际需要选择确定，这种滤料具有来源广泛、滤料比表面积大、表面适宜微生物生长、价格便宜、化学稳定性好等一系列优点。

BIOSMEDI 生物滤池原理：滤池上部采用玻璃钢滤板（板上采用滤缝出气和水）抵制滤料的浮力及运行的阻力。在滤层下部，用混凝土板或钢板分隔在滤层下部形成气囊，在反冲洗时下部形成空气室。

原水从进水阀进入气室，通过中空管进入滤层，在滤料阻力的作用下使滤池进水均匀，空气布气管安装在滤层下部，空气通过穿孔布气管进行布气，经过滤层去除水中的有机物、氨氮后，出水经滤板上的滤缝进入上部清水区域排出。

滤池反冲洗采用脉冲冲洗的方法，首先关闭进水阀，打开滤池下部的反冲洗气管，在滤层下部形成一段气垫层，当气垫层达到一定高度后，此时瞬时把气垫层中的空气通过阀门或虹吸的方法迅速排空，此时滤层中从上到下冲洗的水流量瞬时忽然加大，导致滤料层忽然向下膨胀，脉冲几次后，可以把附着在滤料上的悬浮物质脱落，再打开排泥阀，利用生物滤池的出水进行水漂洗，可有效地达到清洁滤料的目的。

（二）适用水质及工艺特点

BIOSMEDI 生物滤池，它采用脉冲反冲洗、气水同向流的形式，可用于微污染源水预处理或污水深度处理。

BIOSMEDI 生物滤池工艺的特点之一是高度紧凑，它是在一个工艺构筑物中结合了去除降解污染物的生化反应器和去除由于降解净化而产生的悬浮物质的沉降分离阶段。

同其他上向流滤池相反，其所采用的滤料为密度小于水的球性颗粒并漂浮在水中（其他滤池的滤料密度大于水的密度）；滤床的水头保证了进水配水的均匀。

水流经滤床的方向是压缩滤料的方向，而不是扩展滤料的方向，由此也加强了对悬浮物质的截留作用。

定期的逆向流反冲洗可以去除过剩的生物膜和所截留的悬浮物，而不需要使它通过整个滤床。向下的水冲洗可以在最短路线内把截留物冲出滤床，并且是截留物重力落下的方向。

由于滤池是在顶部出水，并且滤料是处于飘浮状态，这样便综合了下流式生物滤池和上流式生物滤池的优点，除了前面所提到的特点外，还具有如下特点和优点：

①不再需要单独的反冲洗泵，滤池出水的水头足以进行滤池的反冲洗，减少设备投资和运行费用；

②滤头的检修和更换很容易，而不需要放空滤池中的滤料。

（三）构造

轻质滤料滤池一般采用混凝土池壁构造，其滤料采用轻质悬浮球形颗粒滤料，滤料相对密度小于1，根据滤池填料的特点，在滤池构造方面，该滤池在进出水配水方式、滤池内部构造以及滤池反冲洗等方面与传统的滤池方面具有较大的区别，滤池基本构造如图2-54所示。

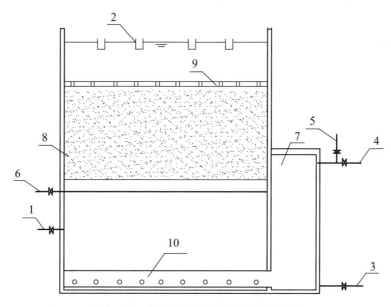

图2-54　轻质滤料生物滤池结构示意图

1—进水管；2—出水集水槽；3—排泥管；4—反冲洗进气管；5—放气管；
6—穿孔曝气管；7—气囊；8—轻质滤层；9—滤板；10—穿孔连接管

轻质滤料曝气生物滤池由以下几部分组成：

①滤池底部进水区，冲洗时亦是空气室及排泥区；

②滤池下部为配水与穿孔曝气区；

③滤池中部为根据原水水质情况所需要轻质滤料滤床，滤料上部采用滤板抵挡滤料的浮力及运行时的阻力；

④滤池上部（滤板以上）是出水区，同时作为滤池脉冲反冲洗的贮水区。

（四）实例

上海市政工程设计研究院专利技术的轻质滤料曝气生物滤池已经在多家净水厂和污水厂得到应用。以下为部分工程应用实例。

1. 上海徐泾水厂

上海徐泾水厂生物预处理工程设计规模 7 万 m^3/d，原水取自淀浦河，水源已受到严重污染，水体基本属于Ⅳ～Ⅴ类，具体表现在进水氨氮浓度偏高，特别是在冬季情况下，淀浦河的泾流量相对较小，进水平均氨氮浓度高于 5mg/L（见图 2 - 55）。

图 2 - 55 徐泾水厂轻质滤料生物滤池全貌

轻质滤料曝气生物滤池共 12 格，成双排布置，每格滤池有效面积为 6.5m × 6.0m，每格滤池分两格，两个中间上部设有进水管，下部设有滤池反冲洗气囊，每格滤池设为进水管、排泥管、放气管、曝气管及放空管等。轻质颗粒滤料粒径为 5～6mm，滤料厚度为 2.0m。滤池气水比可根据需要控制为 0.4:1～1.2:1，生物滤池曝气采用穿孔管进行曝气，穿孔管孔径为 3mm。

2. 无锡充山水厂

无锡充山水厂采用轻质滤料曝气生物滤池（见图 2 - 56、图 2 - 57），从 2006 年 11 月运行，设 1 座生物滤池，共两格，每格规模 1 万 m^3/d，交替运行。设计滤速 8m/h，每格生物滤池有效过滤面积为 55m^2，采用轻质滤料，粒径 4～6mm，滤层厚度 3m。生物滤池鼓风机房与生物滤池合建，生物接触氧化池气水比按（0.4～1.2）:1 设计，根据原水有机物负荷变化进行调整。

图2-56 充山水厂轻质滤料生物滤池全貌

图2-57 充山水厂轻质滤料生物滤池曝气效果

3. 广州市自来水公司西×水厂

广州市自来水公司西×水厂采用轻质滤料曝气生物滤池，设计规模为50万 m^3/d，从2010年11月投运，设1座生物滤池，滤池平面尺寸为41.90m×88.29m，共18格滤池，分为2排布置，每排9格。在两排滤池中间，形成管廊通道，管廊上方为敞开式，便于通风和采光。每格生物滤池有效过滤面积为103.5m²，采用轻质滤料，相对密度为0.020～0.025，粒径3mm，滤层厚度3m。生物滤池鼓风机房及配电间与生物滤池合建，生物滤池气水比按 （0.1～1.0）:1 设计（见图2-58、图2-59）。

图2-58 西×水厂轻质滤料曝气生物滤池外貌

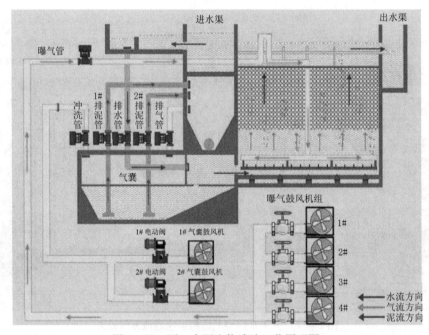

图2-59 西×水厂生物滤池工艺原理图

（五）运行管理

（1）滤池运行

生物滤池为周期运行，从开始过滤到反冲洗结束为一个周期，正常运行时，原水通过进水分配槽进入滤池下部，在滤料阻力的作用下使滤池进水均匀，空气布置管安装在滤层下部，空气通过穿孔布气管进行布气，原水经过滤层后，在滤料表面附着有大量的微生物，填料中的微生物利用进水中的溶解氧降解一部分有机物及氨氮，处理出水通过滤层上部的滤板由上部清水区域排出。

（2）滤池反冲洗

随着过滤的进行，滤层中的生物膜增厚，过滤损失增大，此时需要对滤层进行反冲洗，滤池反冲洗时，由于滤料比重较轻，采用常规的冲洗方法如单水反冲洗，气水反冲洗等方法均难于奏效。根据滤料的具体特点，该工艺采用气囊脉冲冲洗的方法，反冲洗水采用滤池出水。冲洗过程如下：当某格滤池需要反冲洗时，首先关闭进水阀，打开滤池反冲洗风机，使通过空气排除空气室内的水，在滤池下部形成气垫层，当气垫层达到一定容积后，打开放气阀，这时滤池中的水在重力作用下迅速补充至空气室中，此时滤层中从上到下冲洗的水流量瞬时突然加大，导致滤料层突然向下膨胀，可以把附着在滤料上的悬浮物质脱落。通过几次脉冲后，最后打开穿孔排泥阀，利用其他正在运行的生物滤池出水对滤层进行水漂洗，可有效地达到清洁滤料的目的，最后关闭排泥阀，结束反冲洗，进入正常运行状态。

（3）进水不得有余氯

即不能采用预氯化处理，否则将影响生物活动。

三、陶粒生物滤池

（一）原理

陶粒生物滤池的原理是：通过在滤池中装有比表面积较大、空隙率较高的陶粒填料，以便于生物膜的生长繁殖、充氧和不堵塞。在生物滤池内有曝气装置，向池内供氧同时起到水流的搅拌和混合作用。微污染水通过生物滤池后，经过一段时间，在填料表面上会逐渐形成生物膜。原水与生物膜的不断接触过程，使水中有机物和氮等营养物质被生物膜吸收利用并去除。生物滤池在运行过程中需供给一定量的空气，为生物生长提供足够的溶解氧，并且使生物膜在气－水流的作用下经常更换，以持续保持生物膜的氧化能力。

（二）适用水质及工艺特点

陶粒生物滤池主要适用于氨氮含量较高，以及有机物含量较高（特别是可生物降解溶解性有机碳含量较高）的微污染原水的饮用水处理。

（三）构造

陶粒生物滤池是淹没式生物接触氧化法中的一种构筑物形式，滤池中装填陶粒滤料和承托层，见图2－60。

陶粒生物滤池由以下几部分组成：配水系统、配气（布气）系统、生物填料层、承托层、冲洗排水槽以及设置进、出水管道及阀门的管廊。

①配水系统：生物滤池出水的收集与反冲洗水的分布，由同一配水管系完成。该管位于滤池底部，滤池工作时均匀集水，并在滤池反冲洗时保证反冲洗水在整个滤池面积上均匀分布。

②配气系统：生物滤池内设置布气系统主要有两个目的：一是正常运行时曝气，二是进行气水反冲洗的供气。同一套布气管虽能减少投资，但有可能使过滤时充氧曝气供气不均。因此宜分设反冲洗和曝气两套系统，即使采用长柄滤头气水反冲，也仍需在滤头上面单独布置曝气系统。

③生物填料层：所用填料为粘土陶粒。

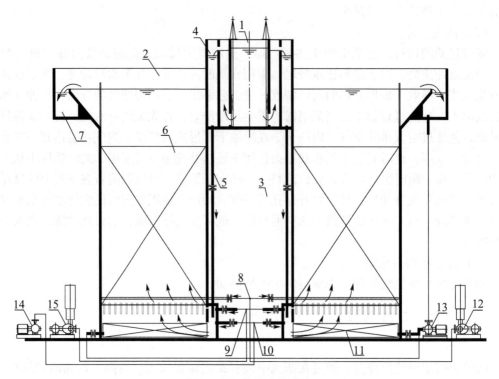

图 2-60　陶粒生物滤池

1—进水渠；2—HUBAF；3—管廊；4—配水渠；5—进水管；6—陶粒滤料；
7—出水渠；8—曝气管；9—气冲管；10—水冲管；11—下冲洗装置；12—曝气鼓风机；
13—下冲排水泵；14—水冲泵；15—气冲鼓风机

④承托层：主要是为了支承生物填料，防止生物填料流失，同时还可以保持反冲洗稳定进行。承托层接触配水及配气系统部分应选粒径较大的卵石，其粒径至少应比配水、配气管孔径大 4 倍以上，由下而上粒径逐次减小，接触填料部分其粒径与密度应基本与填料一致。

⑤冲洗排水槽和管廊：生物接触氧化滤池的冲洗排水槽和管廊布置与普通快滤池类似。

（四）实例

为提高供水水质，广州市自来水公司对新×水厂的常规处理工艺进行优化改造，并增设生物预处理。生物预处理系统于 2010 年 11 月投入运行。新×水厂生物预处理工艺采用高速给水曝气滤池，设计供水规模为 70 万 m³/d，共 20 格滤池，单格滤池面积为 99m²，设计滤速为 15.5m/h。滤料采用陶粒滤料，上层陶粒滤料粒径为 6～8mm，滤层厚度为 2.5m；下层陶粒滤料粒径为 8～10mm，滤层厚度为 0.7m。运行时为 24h 不间断曝气，设计气水比为 0.1:1～0.5:1。滤池反冲洗有 2 种方式，上冲洗和下冲洗。上冲洗包括气洗、气水混洗、水洗 3 个阶段，冲洗水由下往上流动，把截留的悬浮物质及脱落的生物膜带走，冲洗水与生物滤池正常出水混合后流向常规处理。下冲洗包括气洗、气水洗、降水位排水、气水洗、水洗 5 个阶段，通过排水把大量积聚在滤池底难以用上冲洗去除的悬浮物质、泥巴、藻类带走（见图 2-61～图 2-64）。

图 2 - 61　新×水厂生物滤池全景效果图

图 2 - 62　新×水厂生物滤池外貌

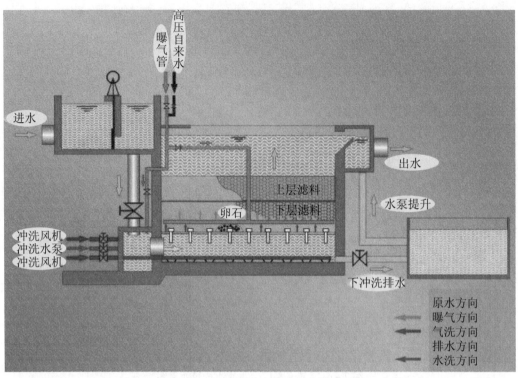

图 2-63 新×水厂生物滤池工艺原理图

图 2-64 新×水厂生物滤池停水后内部情况

（五）运行管理

1. 启动与挂膜

①启动检查：检查陶粒生物滤池是否按设计要求建设，然后检查配水和配气是否符合要求，水路及气路是否畅通，布水及布气是否均匀正常，尤其是气路。检查是否能满足正常运行曝气及反冲的需要，一切合格后再装填好填料，最后进行微生物的挂膜。

②挂膜方式：可分为两种，即自然挂膜和接种挂膜。在夏天水温较高，进水水质中可生化成分（BDOC）较高时，可采用自然挂膜。如果水温较低或原水中可生化成分（BDOC）较少，则应采用接种挂膜，强化挂膜效果，减少挂膜时间。

③挂膜：在挂膜期间每天对进出水的有机物浓度（一般以 COD_{Mn} 为指标）、氨氮进行监测，当 COD_{Mn} 去除率达 15%～20%，或氨氮去除率达 60% 以上时，可认为挂膜完成，挂膜一般需 30d 左右。

水温对生物陶粒的启动影响较大，低温条件下微生物活性受到抑制，生物膜形成较为缓慢。所以挂膜最好在水温较高的夏季或秋季进行。

2. 正常运行与维护

挂膜完成后，即进入正常运行阶段。陶粒生物滤池主要依靠载体上的微生物的新陈代谢作用，对有机物进行分解和对氨氮进行氧化。微生物对环境因素的变化较为敏感，如果操作不当或管理不善，将影响生物滤池的运行效果。为保证生物滤池稳定运行，需对下列几方面加以注意：

①保持稳定运行：虽然陶粒生物滤池能抗一定的冲击负荷，但长期运行不稳定或负荷变动较大，将影响微生物活性。因此应尽量保持滤池负荷稳定，即使变动负荷也应缓慢进行。特别不能使滤池处于无水状态，使填料干枯。

②保持稳定的供气：足够的溶解氧是维持细菌生长的必备条件，不能经常处于停气状态。如果经常出现曝气不足或停止曝气的情况，由于微生物长期缺氧而使其活性受到严重影响，将使整个滤池达不到应有的处理效率。

③严格按要求定期进行反冲洗：过滤周期过长，滤料中积留的污泥太多，水头损失大大增加，能耗增加，同时生物膜表面的老化生物得不到更新，发生局部厌氧，出水水质变差。过滤周期太短，冲洗频繁，也会减少总产水量，增加冲洗能耗，生物膜脱落加快，生物量减少，降低处理能力。因此合适的反冲洗强度和周期对生物预处理的运行效果有十分重要的意义。

④如果运行时水质变化很大，则应根据具体情况对过滤周期进行调整。一般情况下，当水头损失增加至 1m 时，应进行反冲洗。

⑤进水不得有余氯，即不能采用预氯化处理，否则将影响生物活动。

⑥陶粒生物滤池，允许直接进入滤池的原水的浊度不能过高，否则将堵塞滤床并影响生物作用。

四、其他预处理工艺

（一）粉末活性炭吸附

活性炭通常分为粉末活性炭（PAC）和颗粒活性炭（GAC）两大类。木屑和褐煤等原料可制造粉末活性炭，无烟煤可制造颗粒活性炭。两者用于降解常规处理所难以去除的某些有机物和无机物。在水处理中，颗粒活性炭应用较多，常放在滤池中作为滤料，处理效果稳定，但价格较贵，处理构筑物的基建和运行费用较高，且存在颗粒活性炭滤池内易滋生细菌、产生亚硝酸盐和对短期或突发性污染适应性差等缺点。而粉末活性炭价格便宜，基建投资省，不需增加特殊设备和构筑物，适用于水质季节性恶化及突发性事故的水源净化处理。粉末活性炭也有其不足之处，即投加操作条件较差，一次使用后即成为污泥而丢弃，不仅增加处理费用，也带来污泥处置的困难，有时粉末活性炭会从快滤池中泄漏出来而影响配水系统的水质。

粉末活性炭可以吸附由藻类、酚和石油引起的异常臭味，由铁锰和有机物产生的色度，去除过量加氯时的剩余氯，去除消毒副产物的母体、洗净剂、可溶性染料、氯化烃、农药、杀虫剂，去除汞、铬等重金属，去除放射性物质等。但投加必须略为过量，否则不易去除微量污染物。

（二）预氧化

预氧化通常是指在水厂头部如絮凝池或沉淀池之前，将氧化剂投加到原水中的工艺，其主要作用是氧化分解水中有机或无机污染物，以利于其在后续处理过程中去除，同时可以破坏附着或包裹在胶体颗粒表面的还原性有机物，促使胶体颗粒脱稳，以提高常规处理混凝、沉淀和过滤的效果，起到了助凝的作用。

1. 预氯化

通常在混凝、沉淀（澄清）以前加氯，称为预氯化，是提高微污染水源出水水质的方法之一，特别适用于有机污染较严重、氨氮含量高、胶体颗粒难以脱稳、浊度去除效果较差的原水。加氯以后，可以氧化水中的有机物和铁、锰，控制臭味，去除色度，强化混凝和过滤，抑制净水构筑物内的微生物生长，还可将有毒害的致癌物亚硝酸盐氧化为硝酸盐。当水中氨的含量很高时，预氯化需大量加氯，不但药剂费用很高，还需要在后面去除剩余氯。预氯化时会生成大量卤代消毒副产物，这些副产物对人体有毒害，且不易被后续的常规处理工艺去除，因此处理后水的毒理学安全性下降。

2. 预臭氧化

臭氧用作预氧化剂的主要目的是强化常规处理工艺去除微污染物的能力。臭氧投加在混凝之前时称为预臭氧化（前臭氧），也有在沉淀池后或滤池后投加臭氧，称为中间臭氧化，目的是使水中有机物的形态发生变化，以提高后续工艺去除污染物的效果，对于这种情况通常臭氧和活性炭滤池在一起使用。后臭氧化是在滤后水中投加臭氧，目的在于灭活致病微生物，保证饮用水的生物和化学安全性。臭氧需要现场制备，且运行成本较高，因此，选择可靠的臭氧发生设备是保证预臭氧化工艺稳定运行的关键。

预臭氧化可以达到许多处理效果，包括消毒、去除嗅味、降低色度、除铁除锰、强化混凝、减少消毒副产物母体，去除藻类。原水需臭氧量高时，臭氧投加点可选在水处理流程的下游。对于直接过滤或原水臭氧需要量低的情况，预臭氧化主要为了消毒。

3. 高锰酸钾预氧化

高锰酸钾（$KMnO_4$）是一种强氧化剂，主要用来控制臭味、去除色度，防止水处理构筑物内滋生微生物，并可降低铁、锰含量，氧化有机铁，还可以将生成消毒副产物的母体加以氧化，以控制三卤甲烷生成量。高锰酸钾能够选择性地与水中有机污染物作用，破坏有机物的不饱和官能团，效果良好。近年来又研制出高锰酸盐复合药剂，对地表水有显著的氧化助凝、除藻、除嗅味、去除微量有机污染物等效果，还可降低三卤甲烷的母体。

高锰酸钾可以氧化地表水中产生嗅味的污染物以去除嗅味，如由蓝－绿藻类等引起的嗅味，或由于藻类的代谢或死亡，或因工业废水和城市污水以及腐烂死亡的生物等引起的嗅味。高锰酸钾除了有直接氧化污染物的作用外，也可将各种污染物吸附在二氧化锰沉淀物上。

第三节　深度处理

深度处理是相对于常规处理而言，指在常规处理工艺基础上，置于常规处理后，通过采用适当的处理方法，将常规处理工艺难以去除的有机污染物或消毒副产物的前体物加以去除的工艺。

一、深度处理的形式及分类

目前应用较多的深度处理技术有活性炭吸附、臭氧氧化、臭氧活性炭联用，生物活性炭、膜过滤技术等。各种深度处理方法的基本作用原理，主要有：利用吸附剂的吸附能力可去除水中溶解性有机物（如活性炭技术）；利用氧化剂的强氧化能力可分解水中有机物（如臭氧技术）；利用生物氧化法降解水中有机物（如生物活性炭技术）；利用滤膜的筛分作用滤除有机物（如膜分离技术）。有时两种作用又能同时发挥，共同去除有机物，如臭氧活性炭联用技术即发挥了氧化和吸附两种作用。

二、臭氧－生物活性炭（O_3－BAC）

（一）原理

臭氧－生物活性炭（O_3－BAC）工艺综合了臭氧氧化、活性炭吸附以及臭氧与活性炭联用的生物作用。

臭氧－生物活性炭是在活性炭滤池之前投加臭氧，并在臭氧接触反应池中进行臭氧接触氧化反应，使水中有机污染物氧化降解，其中一小部分变成最终产物 CO_2 和 H_2O，从水中除去，使活性炭滤床的有机负荷减轻，加上臭氧化水中含有剩余臭氧和充分的氧，使活性炭滤床处于富氧状态，导致好氧微生物在活性炭颗粒表面繁殖生长并形成不连续的生化膜，或微生物群落，通过生物吸附和氧化降解等作用，显著提高了活性炭去除有机物的能力，延长了使用寿命。

活性炭自身具有孔隙多、比表面积大的特性，能够迅速吸附水中的溶解性有机物，也能富集水中大量的微生物。被吸附在活性炭表面的溶解性有机物为微生物提供了营养源，同时炭床中大量生长繁殖的好氧菌生物降解吸附低分子有机物，这样在活性炭表面便生长出了具有氧化降解和生物吸附双重作用的生物膜，形成生物活性炭。活性炭孔隙中的有机物被分解后，经过反冲洗，活性炭腾出吸附位置，恢复了对有机物及溶解氧的吸附能力。活性炭对水中有机物的吸附和微生物的氧化分解是相继发生的，微生物的氧化降解作用使活性炭的吸附能力得到恢复，而活性炭的吸附作用又使微生物获得丰富的养料和氧气，两者互相促进，形成相对平衡态，得到稳定的处理效果，从而大大延长了活性炭的再生周期。

（二）适用水质及工艺特点

饮用水深度处理技术是在水源受微污染影响，水厂常规处理后的水质不能满足要求的情况下出现的。

臭氧–活性炭过滤是去除水中天然有机物以防止生成消毒剂副产物并控制微生物再生长的有效方法。因为多数天然有机物是难以生物降解的，所以在生物过滤之前采用臭氧化，臭氧将天然有机物氧化，减小其分子尺寸，增加含氧官能团的数量，从而增强天然有机物的生物可降解性。臭氧的潜在优点是强化天然有机物的去除、灭活隐孢子虫，减少卤化消毒副产物的生成。臭氧可破坏天然有机物的结构，将不可生物降解的有机物转化为可生物降解的溶解有机碳，并且可以促使高分子量化合物转化为低分子量化合物，如酸。而可生物降解的溶解有机碳是水中可被异养微生物无机化的那部分有机碳，用以估计生物过程中的有机物去除率。

臭氧–活性炭法有时也叫作生物活性炭法（BAC），它的有机物去除机理，首先是活性炭吸附作用，使那些可吸附的有机物吸附在活性炭上。随后在温度、营养物浓度、微生物和炭粒的作用下，滤池中逐渐形成了生物量，滤料表面有了一层不均匀的细菌生物膜，经电子扫描显微镜观测，微生物多数为杆状菌，长约 $1.3\mu m$，炭粒外表面上还有一些球菌、丝状菌（直径 $0.5\sim1.0\mu m$）和原生动物，这时活性炭除了有吸附有机物的作用外，还有细菌对有机物的生物降解作用。

生物活性炭法去除微污染物的潜力很大，常规处理时所不能去除的可生物降解有机物、合成有机物、氨、硝酸盐、铁和锰，都可通过生物活性炭来去除。有机物和氨经过生物氧化过滤后，可减少配水系统中细菌再生长的养料，降低嗅味以及减少生成消毒副产物的母体数量。

（三）构造

臭氧–生物活性炭工艺主要由臭氧处理系统和生物活性炭滤池组成，其中，臭氧处理系统主要由气源系统、臭氧发生装置、臭氧接触反应系统和尾气处理系统四部分组成。

1. 臭氧处理系统

臭氧处理系统组成示意图见图 2–65。

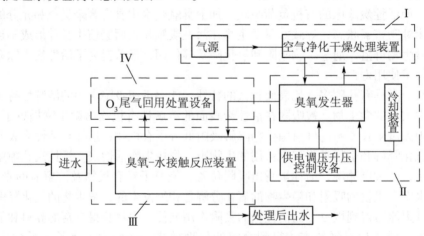

图 2–65　臭氧处理系统组成示意图

Ⅰ—气源系统；Ⅱ—臭氧发生装置；Ⅲ—臭氧接触反应系统；Ⅳ—尾气处理系统

（1）气源系统：工业上制造臭氧所需要的气源主要有三种形式可供选择：

①利用空气干燥后制臭氧；②现场利用空气通过 VPSA 系统制成高纯度氧气后制臭氧；③利用液氧制臭氧。

（2）臭氧发生装置：包括臭氧发生器和其供电设备（调压器、升压变压器等）、电气控制和量测设备及空气净化设备等。工业上产生臭氧的方法是通过特定的臭氧发生器，在其放电管中对含氧气体诸如空气或高纯度氧气进行无声放电的方法来实现。

（3）臭氧接触反应系统：用于水的臭氧化处理，包括臭氧扩散装置和接触反应池。臭氧接触池水流宜采用竖向流，可在池内设置一定数量的竖向导流隔板。导流隔板顶部和底部应设置通气孔和流水孔。接触池出水宜采用薄壁堰跌水出流。

（4）尾气处理系统：用以处理接触反应池排放的残余臭氧，达到环境允许的浓度。臭氧尾气消毒装置应包括尾气输送管、尾气中臭氧浓度监测仪、尾气除湿器、抽气风机、剩余臭氧消除器，以及排放气体臭氧浓度监测仪及报警设备等。

2. 生物活性炭滤池

生物活性炭滤池型式的选择，应根据处理规模及水厂的运行条件，经技术经济比较后确定。一般当处理规模较小时，可仿照普通压力滤池或无阀滤池；当处理规模大时，可仿照 V 形滤池、普通快滤池等；炭滤池的过流方式应根据吸附池池型、排水要求等因素确定，可采用降流式或升流式。炭滤池的构造同普通滤池，不同之处主要是滤料采用颗粒活性炭。

根据《室外给水设计规范》（GB 50013—2006），生物活性炭滤池的设计要求有：①处理水与炭床的空床接触时间宜采用 6～20min，空床流速 8～20m/h，炭层厚度 1.0～2.5m。炭层最终水头损失应根据活性炭的粒径、炭层厚度和空床流速确定。②炭吸附池宜采用中、小阻力配水（气）系统，承托层宜采用砾石分层级配，粒径 2～16mm，厚度不小于 250mm。

（四）工程实例

广州市自来水公司下属的南×水厂在原设计常规处理工艺的基础上增加了"臭氧－生物活性炭"深度处理工艺，以保证出厂水水质达到饮用净水的要求。以下介绍南×水厂的情况。

南×水厂以北江顺德水道西海河段水为水源，设计规模为日供饮用净水 100 万 m³。其工艺流程及设备、厂房见图 2 – 66～图 2 – 72。

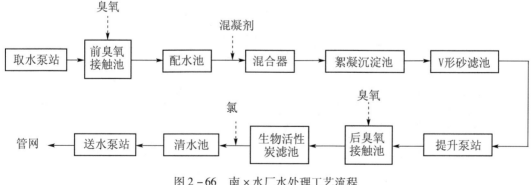

图 2 – 66　南×水厂水处理工艺流程

图 2 – 67　南×水厂前臭氧接触池外貌

图 2 – 68　南×水厂后臭氧接触池外貌

图 2 - 69　南×水厂臭氧发生器

图 2 - 70　南×水厂臭氧尾气破坏设备

图 2-71 南×水厂臭氧系统液氧罐

图 2-72 南×水厂生物活性炭滤池

预臭氧化的作用是提高混凝效果、去除有机物。南×水厂的前臭氧接触池分成独立的4格池，单池尺寸为40.5m×8m×6m（水深）；接触池设计最大处理水量为110万 m^3/d；臭氧投加扩散系统采用水射器曝气形式，利用负压吸入臭氧气体，并同时进行气水混合，臭氧投加射流加压泵房与前臭氧接触池合建。接触池内设计接触时间≥4min。

后臭氧化的作用是氧化有机物、灭活微生物以及为后续活性炭滤池供氧。南×水厂的后臭氧接触池分为独立的6格池，单池尺寸为36.7m×10m×6m（水深）；每格设置单独的DN1400进水管、相应流量计和放空管，臭氧扩散系统采用微孔曝气盘曝气的形式，总出水渠通过四条砼渠直接与炭滤池待滤水总渠连接。设计臭氧投加量为1.0～2.5mg/L，剩余臭氧规定为0.2～0.4mg/L；投加线：1线/池，每条投加线设了3个投加点，3个点臭氧投加比例顺水流方向依次为投加量的60%、20%、20%；接触池内设计接触时间≥10min。

生物活性炭滤池采用柱状活性炭，炭层厚度2m，正常滤速时水体与炭层接触时间12.6min，单池滤面91m^2，设计正常滤速（平均）为8.80m/h，强制滤速（以全部炭滤池中同时有一格反冲洗，三格停池维修，其余运行计）为10.62m/h。设计反冲洗水强度为10～42$m^3/(m^2 \cdot h)$，气冲强度为8～12$L/(m^2 \cdot s)$，表面推流强度为1.8 $L/(m^2 \cdot s)$，冲洗周期为4～7d。

臭氧发生车间配备四台臭氧发生器，总臭氧发生量为188kg/h，每台设备的发生量为47kg/h，臭氧发生质量分数为10%。

（五）运行管理

1. 臭氧处理系统的运行管理

（1）系统的运行要求

①臭氧化法给水处理系统，要求臭氧投加正常。

②由于原水水量和水质经常发生变化，要求臭氧化处理系统的设备操作具有灵活性和可靠性。

（2）臭氧化设备的操作与控制

①人工操作见图2－73a。

②人工仪表配合操作见图2－73b。

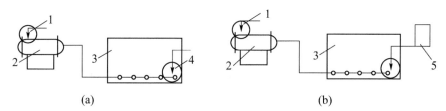

(a)　　　　　　　　　　　　(b)

图2－73　人工或与仪表配合操作

1—人工调整电压/频率；2—臭氧发生器；3—水－臭氧接触反应池；

4—人工选择参数；5—监测仪

③自动操作：如图2－74为运转过程的自动控制系统，既可保证过程的安全可靠，又可使运转效果达到技术经济的最佳状态。

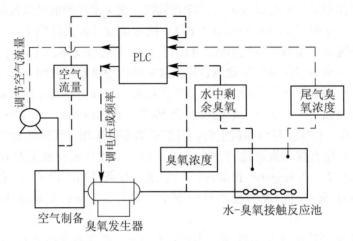

图 2 - 74　计算机自动控制

④臭氧接触池应定期清洗。

⑤接触池排空之前必须确保进气和尾气排放管路已切断。切断进气和尾气管路之前必须先用压缩空气将布气系统及池内剩余臭氧气体吹扫干净。

⑥接触池压力人孔盖开启后重新关闭时，应及时检查法兰密封圈是否破损或老化，当发现破损或老化时应及时更换。

⑦设备运行过程中，臭氧发生间和尾气设备间应保持一定数量的通风设备处于工作状态；当室内环境温度大于40℃时，应通过加强通风措施或开启空调设备来降温。

2．生物活性炭滤池的运行管理

（1）运行前的准备

新购入或经再生处理过的粒状炭刚放入滤池中，不能立即投入运行，应先用出厂水充分浸泡，并做数次反冲洗后再使用。其目的是去除炭粒中的杂物，将炭粒孔隙中的空气置换出来，确保吸附能力的充分发挥。经长期保存后重新使用的炭亦应如此处理。

（2）防止炭粒滤料的流失

①为防止在使用和反冲洗过程中炭粒的流失，必须对反冲洗操作方法严格控制。反冲洗开始时，阀门的开启速度不能太快，应缓慢进行，从开始开启至全开需要多少时间，要通过实际运行来决定。

②反冲洗阀门的开启控制建议如下：

a．表面冲洗阀：全开启 3min（当有表面冲洗时）。

b．底部反冲洗阀：反冲洗前半段：开启 1/2，3min；反冲洗后半段：全开启，7min。

c．反冲洗强度和表面冲洗强度要互相配合，避免同时将阀门开至最大，造成炭粒流失。

（3）及时更新和再生活性炭

①必须对活性炭的吸附能力做经常、定期的测定。对于每一批新炭更应做各项测定，以核查产品规格性能是否符合规定。活性炭的吸附能力主要是测定碘值和亚甲蓝值指标。当碘值小于 600mg/g、亚甲蓝值小于 85 mg/g 时，即被认定为失效，必须更换新炭，否则将影响出水水质。见表 2 - 8。

表 2-8　失效炭指标[①]

测定项目	表层/（mg/g）	中层/（mg/g）	底层/（mg/g）
碘吸附值/（mg/g）	≤600	≤610	≤620
亚甲蓝吸附值/（mg/g）	≤85	—	≤90

①指降流式炭层。

②活性炭的再生周期取决于吸附前水质和活性炭商品质量。一般在新炭使用后 1～1.5 年即定期取出再生，再生后的炭规格及吸附特性必须达到表 2-9 中的性能要求。

表 2-9　再生后的炭规格及吸附特性要求

规格及吸附能力	碘值/（mg/g）	亚甲蓝/（mg/g）	强度/%	水分/%	粒度占比/%			
					mm > 2.75	mm 1.5～2.75	mm 1～1.5	mm < 1
	≥750	≥100	> 80	< 5	< 0.5	> 89	< 9	< 1.5

（4）其他注意事项

①活性炭滤池冲洗水宜采用活性炭滤池的滤后水作为冲洗水源。

②冲洗活性炭滤池时，排水阀门应处于全开状态，且排水槽、排水管道应畅通，不应有壅水现象。

③活性炭滤池初用或冲洗后进水时，池中的水位不得低于排水槽，严禁滤料暴露在空气中。

④应加强活性炭滤池生物相检测，并确保出水生物安全性。

第四节　净水原材料介绍

本节仅对给水处理中较常用的净水原材料的主要性能进行介绍。

一、硫酸铝

硫酸铝 $[Al_2(SO_4)_3 \cdot 18H_2O]$ 是应用最广的混凝剂。该产品分为精制硫酸铝和粗制硫酸铝两种。精制硫酸铝是白色块状或粉末状，质地纯净，杂质少，含无水硫酸铝 50%～52%。粗制硫酸铝是灰色块状或粉末状（泥粉），含高岭土等不溶杂质 20%～30% 之多，在其溶解、溶液工艺操作过程中必须及时清理排除沉淀在各设备中的不溶杂质，以防影响设备的操作运行。粗制硫酸铝一般含无水硫酸铝 10%～20%，制造较方便，价格较便宜，但目前较少使用。粗制硫酸铝在浊度低时使用较好。

硫酸铝在除色和去浊时都有一定的适宜 pH 范围，不同 pH 范围内，铝的水解生成物如下：

（Ⅰ）pH<4 时，为 $[(H_2O)_n]^{3+}$，n 为 6～10；

（Ⅱ）4<pH<6，为 $[Al_6(OH)_{15}]^{3+}$，$[Al_7(OH)_{17}]^{4+}$，$[Al_8(OH)_{20}]^{4+}$，$[Al_{13}(OH)_{34}]^{5+}$；

（Ⅲ）$6 < pH < 8$，为$[Al(OH)_3]$，并产生沉淀；

（Ⅳ）$pH > 8$，为$[Al(OH)_4]^-$，$[Al_8(OH)_{26}]^{2-}$。

其实，以上各聚合物一般来讲都同时存在，只不过是在不同的 pH 范围，各自浓度所占比例多少而已。

在原水色度大的时候，为了去除色度，水适宜的 pH 值为 4.5 ～ 5。这时硫酸铝水解后以高电荷低聚合度的络合物占主要地位，充分利用铝盐水解后的高电荷中和产生色度的胶体颗粒，使胶粒脱稳，这些胶体颗粒是带有大量负电荷的有机物，而且颗粒细小，外层水化膜较厚。降低有机物表面电荷和消除水化膜往往是决定混凝效果的重要因素，但投加量一般较大。当以去除浊度为主，且加入混凝剂后 $pH < 7$。此时水解产物主要为 Al^{3+}，因而可通过吸附与电中和来完成凝聚。此时，混凝剂投加一般要求较准确。

对于净水处理的混凝效果，以在 $pH = 6.5 ～ 8$ 的幅度内较佳，因此时所生成的水解产物多为低电荷而高聚合度的无机高分子电解质，或为部分的氢氧化物沉淀，吸附脱稳与网捕共同作用，但以网捕作用为主。

广州地区原水的 pH 值一般为 7 左右，加入硫酸铝后，系统 $pH < 7$，主要以吸附与电中和来完成凝聚。此时一般以沉淀物网捕或卷扫为主，节约混凝剂量。故一般认为石灰投加应滞后于混凝剂的投加。

二、聚合氯化铝（碱铝）

聚合氯化铝 $[Al_2(OH)_nCl_{6-n}]_n$ 也称碱式氯化铝或羟基氯化铝，是一种无机高分子混凝剂，简称 PAC。聚合氯化铝的投加方式与一般混凝剂相同，投加的溶液浓度不应低于 5%。投加后能够生成高价聚合阳离子，在电性中和及架桥作用下使水中胶体相互絮凝。聚合氯化铝溶液的腐蚀性小，产生的矾花颗粒大，沉淀性能好，产生污泥量少，混凝效果优于硫酸铝，投药操作方便，成本较低，适用的 pH 值范围为 5 ～ 9，适应低温低浊水、高色度水的处理。

三、三氯化铁

三氯化铁 $[FeCl_3 \cdot 6H_2O]$ 是具有金属光泽的黑褐色结晶体混凝剂，由于它的密度较大，所生成的矾花在水中的沉降速度也较快，所以在处理浊度较高和水温较低的原水时，混凝效果比较显著，但其对金属管道等腐蚀性较大，且容易吸水潮解，不易保管。

四、石灰

生石灰呈白色或灰色块状，为便于使用，块状生石灰常需加工成生石灰粉、消石灰粉或石灰膏。生石灰粉是由块状生石灰磨细而得到的细粉，其主要成分是 CaO；消石灰又称熟石灰，是块状生石灰用适量水熟化而得到的粉末，其主要成分是 $Ca(OH)_2$；石灰膏是块状生石灰用较多的水熟化而得到的膏状物。其主要成分也是 $Ca(OH)_2$。

石灰在空气中放置，可吸收空气中的水分和二氧化碳，生成氢氧化钙和碳酸钙。与水作用生成氢氧化钙并放出能量。

石灰不宜在长期潮湿和受水浸泡的环境中使用。

石灰在净水处理中作为助凝剂使用主要调节水体 pH 值，同时可去除钙镁软化水质。

生石灰与水反应生成 $Ca(OH)_2$，熟石灰的主要成分也是 $Ca(OH)_2$。水处理工艺就是利用 $Ca(OH)_2$ 的碱性来调节水的 pH 值，利用 $Ca(OH)_2$ 在水中水解而带电荷，发挥一定的助凝作用，以去除浊度。

五、氢氧化钠

氢氧化钠俗称烧碱，易溶于水，溶液呈强碱性，具有强腐蚀性。

固体氢氧化钠溶解时会放热，要防止溶液或粉尘溅到皮肤上。使用时，操作人员必须穿戴工作服、口罩、防护眼镜、橡皮手套等劳保用品。

氢氧化钠在水处理方面可用于：消除水的硬度；调节水的 pH；对废水进行中和；离子交换树脂的再生；通过沉淀消除水中重金属离子。

六、聚丙烯酰胺

聚丙烯酰胺按形态分为固体和胶体两种。固体的为白色或微黄色颗粒或粉末；胶体为无色或微黄色透明粘稠液体。按离子特性可分为非离子、阴离子、阳离子和两性型离子四种类型。

聚丙烯酰胺是一种高分子絮凝剂，简称 PAM。它为水溶性高分子聚合物，不溶于大多数有机溶剂，具有良好的絮凝性，可以降低液体之间的摩擦阻力。在饮用水处理中利用聚丙烯酰胺各种优良的物理特性，使用它凝聚和絮凝水中微粒。通常把聚丙烯酰胺和聚合氯化铝、硫酸亚铁等药剂搭配使用，只投加很少量聚丙烯酰胺就可以大大增强絮凝效果。

根据《室外给水设计规范》（GB 50013—2006）相关规定，聚丙烯酰胺的投配应符合国家现行标准《高浊度水给水设计规范》（CJJ 40—2011）的规定。查阅《高浊度水给水设计规范》（CJJ 40—2011），聚丙烯酰胺药液可采用计量泵或水射器投加；投加浓度宜为 $0.1\% \sim 0.2\%$。当采用水射器投加时，药剂投加浓度应为水射器后混合溶液的浓度。

七、氯

氯（Cl_2）是一种黄绿色并具有强烈刺激性的窒息性气体，有剧毒。它是电解食盐生产烧碱时的副产品。在大气压力下，温度为 0℃ 时，每升氯气重 3.22g，约为空气重量的 2.5 倍。当温度低于零下 33.6℃ 时，氯为液态，习惯上称为"液氯"。如在常温下将氯气加压到 6～8 个大气压时，成为液态氯。每升液氯重 1468.4g，约为水的 1.5 倍。同样重量的"液氯"，其体积仅为氯气的 1/457。氯在水中的溶解度与温度成反比。由于液氯比氯气所占的体积小，所以液氯储存在有压力的钢瓶中，即通常所说的氯瓶。

10 ℃ 以下时，在氯的饱和溶液中会析出氯的水化结晶物（$Cl_2 \cdot 8H_2O$），呈黄色，称为"氯冰"。这种现象会造成加氯设备故障，因此，在冬季使用时，必须注意。

氯在水中的溶解度与温度关系见表 2-10。

表 2-10　氯在水中的溶解度与温度的关系

温度/℃	0	10	20	40
溶解度/（g/L）	14.6	9.97	7.29	4.59

干燥氯气的化学性质不活泼，不会燃烧，但遇到水或受潮后，就会对很多金属有腐蚀性，因此须严格防止水或潮湿空气进入氯瓶。储氯的钢瓶，平时液氯不会对它腐蚀，但如加氯机使用不慎，当钢瓶内的氯用光时，就可能有水汽进入氯瓶，引起腐蚀。所以，运行时，氯瓶内保持一定的余压也是为了防止水汽进入氯瓶。

氯气是具有特殊强烈刺激气味的窒息性气体，对人的生理组织有害，特别对呼吸系统和眼粘膜伤害很大，能引起气管痉挛或产生肺水肿而导致人窒息死亡。

空气中含氯气 3.5×10^{-6} 时，可以嗅到；浓度达到 14×10^{-6} 时，咽喉部会感到疼痛；浓度达到 20×10^{-6} 以上时，人会发生强烈咳嗽；浓度 50×10^{-6} 左右时，人就会发生生命危险；当浓度达到 1×10^{-3} 时，人可立即死亡。

氯与氨在空气中，很快地化合成氯化铵，产生白色"烟雾"（$NH_3 + Cl_2 + H_2O \longrightarrow NH_4Cl + HClO$）是氯化铵微粒所致。

八、氨

氨（分子式为 NH_3）是一种无色气体，有强烈的刺激气味。

氨能伤害人的呼吸器官，严重时会致人感染死亡；氨在空气中不燃烧，但当空气中含有 13%～27% 氨时有可能爆炸，故须采取安全防护措施。气态氨密度比空气小，故加氨排气孔应设在最高处，进气孔设在最低处。

当水厂采用氯胺消毒时，除了投加氯外还需投加氨，以稳定水中的余氯。

九、臭氧

臭氧（O_3）由 3 个氧原子组成，在常温常压下，它是淡蓝色的具有强烈刺激性的气体。臭氧密度为空气的 1.7 倍，易溶于水，在空气或水中均易分解消失。臭氧对人体健康有影响，空气中臭氧的质量浓度达到 1000mg/L 即有致命危险，故在水处理中散发出来的臭氧尾气必须处理。

臭氧都是在现场用空气或纯氧通过臭氧发生器高压放电产生的。臭氧发生器是臭氧生产系统的核心设备。如果以空气作气源，臭氧生产系统应包括空气净化和干燥装置以及鼓风机或空气压缩机等，所产生的臭氧化空气中臭氧质量分数一般在 2%～3%；如果以纯氧作为气源，臭氧生产系统应包括纯氧制取设备，所生产的是纯氧/臭氧混合气体，其中臭氧质量分数约达 6%。由臭氧发生器出来的臭氧化空气（或纯氧）进入接触池与待处理水充分混和。为获得最大传质效率，臭氧化空气（或纯氧）应通过微孔扩散器形成微小气泡均匀分散于水中。

臭氧既是消毒剂，又是氧化能力很强的氧化剂。在水中投入臭氧进行消毒或氧化通称臭氧化。作为消毒剂，由于臭氧在水中不稳定，易消失，故在臭氧消毒后，往往仍需投加少量氯、二氧化氯或氯胺以维持水中剩余消毒剂。臭氧极少作为唯一消毒剂。当前，臭氧广泛作为氧化剂以氧化去除水中有机污染物。

臭氧作为消毒剂或氧化剂的主要优点是不会产生三卤甲烷等副产物，其杀菌和氧化能力均比氯强。但近年来有关臭氧化的副作用也引起人们关注。有的认为，水中有机物经臭氧化后，有可能将大分子有机物分解成分子较小的中间产物，而在这些中间产物中，可能存在毒性物质或致突变物。有些中间产物与氯（臭氧化后往往还需加适量氯）作用后致突变反而增强。因此，当前通常把臭氧与粒状活性炭联用，一方面可避免上述副作用产生，同时也改善了活性炭吸附条件。

十、高锰酸钾

高锰酸钾是深紫色或古铜色结晶。也叫灰锰氧、PP 粉，是一种常见的强氧化剂。

高锰酸钾在水处理中的作用如下：

①高锰酸钾通过氧化作用，降解产生异臭异味的有机物；

②高锰酸钾可在很宽的 pH 范围内与铁、锰化合物发生氧化－还原反应，所形成的沉淀物能在沉淀池沉淀除去或被滤料有效截留；

③高锰酸钾具有消毒和除藻作用；

④高锰酸钾与水中的还原性物质发生反应，生成中间产物二氧化锰，二氧化锰既可自身吸附有机物，又可通过助凝作用除去有机物，故而能较为有效地降低待处理水的有机物含量。

十一、活性炭

活性炭是用烟煤、褐煤、果壳或木屑等多种原料经碳化和活化过程制成的黑色多孔颗粒，其主要特征是比表面积大和带孔隙的构造。每 1g 炭的表面积可达 $1000m^2$，其中绝大部分是颗粒内部的微小孔隙表面，因吸附作用是水中溶解杂质在炭粒表面上的浓缩过程，所以炭的比表面积大小是影响吸附性能的重要因素，由于活性炭的巨大比表面积，因而显示良好的吸附性能。活性炭吸附是有效去除水中的臭味、天然和合成溶解有机物、微污染物质等的措施。

活性炭分粉末炭（PAC）和颗粒炭（GAC）两种，尽管两者的颗粒大小不同，但因吸附性能决定于炭的孔隙大小和孔隙的表面积，所以吸附性能本质上没有差别。

在给水处理中，粉末炭一般和混凝剂一起连续地投加于原水中，经混合、吸附水中有机和无机杂质后，粘附在絮体上的炭粒大部分在沉淀池中成为污泥后排除，常应用于季节性水质恶化时的间歇处理以及粉末炭投加量不高时。

第五节　微污染物质处理方法

天然水体中的微污染物质本来很少，随着工农业不断发展，农药的产生与使用，以及部分工矿企业废水排入江河，常致使水体中带来有毒成分，如氰化物、砷、铬……影响人体健康。在选新水源定点时，如发现水质含有毒物质，一般均放弃不用而要重新另选水源；如确无其他水源可用时，才考虑特殊处理方案。又如现用的水源因意外事故而受污染时，则必须采取特殊处理以确保饮用水安全。

一、水中污染物分类

水中污染物的项目繁多，类型复杂。按照污染物的性质，水中的污染物指标可以粗略分为感官性状指标、无机污染物、有机污染物、微生物、放射性污染物等五大类。其中影响感官性状指标的污染物来源较为复杂，有时往往难以确定种类。无机污染物又可细分为金属、非金属以及无机综合指标；有机污染物可以细分为有机综合指标、芳香族化合物、农药、氯代烃、消毒副产物、人工合成污染物等。微生物一般指细菌、放线菌、蓝藻、病毒、真菌等，广义的微生物还包括微型藻类和微型水生动物。放射性污染物一般来自核材料、放射性同位素的泄漏，以及特殊的地质条件，属于一个比较特殊的类别。

二、主要应对方法

对于自来水厂，由于水源事故污染时间紧迫，要求反应迅速，处理手段应采取新增设备少且设备安装与操作简单易行、药剂使用安全可靠、与现有水处理工艺相匹配的技术措施。通常在现有常规水处理工艺正常运行的基础上增加化学沉淀、物理吸附、氧化还原、强化混凝等临时性的预处理和强化常规处理的技术，分为以下几类：

①应对可吸附污染物的应急吸附技术，主要采用粉末活性炭、粒状活性炭等吸附剂，吸附去除可吸附污染物，包括了水源污染事故可能遇到的大部分有机污染物。

②应对金属和非金属离子污染物的化学沉淀技术，主要通过调整水厂混凝处理的 pH 值，在适合的条件下使污染物形成化学沉淀，并借助混凝剂形成的矾花加速沉淀，有效去除该类污染物。

③应对可氧化污染物的应急氧化技术，氧化剂可采用氯、高锰酸盐、臭氧等，主要应对某些还原性的无机污染物，包括硫化物、氰离子等和部分有机污染物。

④应对微生物污染的强化消毒技术，通过增加前置预消毒和加强主消毒的处理，在传染病暴发期确保城市供水的水质安全。

⑤应对藻类暴发引起水质恶化的综合应急处理技术。藻类的去除必须与水厂中其他工艺如混凝、沉淀、过滤和消毒结合起来，才可取得较好的除藻效果。

放射性污染物的处理需要由辐射防护和处理的专业人员进行。

根据突发污染物的可沉淀、可吸附或可氧化特性，可以初步确定自来水厂应对水源突发污染物的基本方法，见表 2-11。

表 2-11　自来水厂应对水源突发污染物的基本方法

项　目	自来水厂应急处理基本方法	投 加 药 剂
铁	氧化、化学沉淀	石灰、聚合氯化铝
锰	氧化、化学沉淀	石灰、聚合氯化铝
镉、汞	化学沉淀	氢氧化钠、三氯化铁、聚丙烯酰胺、盐酸
铬（六价）	还原、化学沉淀	硫酸亚铁
砷	氧化、化学沉淀	氯、聚合氯化铝、聚丙烯酰胺
镍	化学沉淀	氢氧化钠、聚合氯化铝、聚丙烯酰胺、盐酸
铊	吸附	W-5 药剂（含有高锰酸钾和膨润土）
硫化物	氧化	氯、臭氧、高锰酸钾
锑	氧化、化学沉淀	高锰酸钾、粉末活性炭、盐酸、聚合硫酸铁、氢氧化钠

项　目	自来水厂应急处理基本方法	投 加 药 剂
氯化氰 （以 CN^- 计）	氧化	次氯酸钠、液氯、氢氧化钠
林丹、滴滴涕、 甲基对硫磷	吸附	粉末活性炭、聚合氯化铝、聚丙烯酰胺
乐果	吸附	石灰、粉末活性炭、聚合氯化铝、 聚丙烯酰胺、盐酸
马拉硫磷、敌敌畏、 苯、甲苯、乙苯、 二甲苯、苯乙烯	吸附	粉末活性炭
挥发酚	氧化、吸附	粉末活性炭、高锰酸钾复合药剂、 聚合氯化铝、聚丙烯酰胺
阴离子合成洗涤剂	吸附	粉末活性炭
石油类	吸附	粉末活性炭、聚合氯化铝、聚丙烯酰胺

（一）藻类的去除

藻类为单细胞或多细胞的小植物，细胞内含有叶绿素可以进行光合作用，利用阳光生活，吸收 CO_2 合成细胞物质而释出 O_2，它在水中的适应范围为 pH $= 7 \pm 1$。当水体受污染，其中的氮和磷的含量增大，使水呈富营养化，导致藻类繁殖得很快。单细胞藻类主要是硅藻，其次为绿藻、蓝藻。硅藻虽然是单细胞植物，但常由多个细胞组成群体，由硅质及果胶质组成较硬的细胞壁——外壳，外壳分为上下两瓣，硅藻死亡后，其外壳沉积于海底受环境的影响，若干年代后，将形成为硅藻土。

藻类的繁殖受环境的影响：①季节。春季，硅藻大量繁殖至春季末便逐渐消失，绿藻开始繁殖；夏季，蓝藻繁殖最盛；秋季，蓝藻死亡，硅藻开始繁殖；冬季，一般均减少。②日光。由于浮游藻类大多数须在日光下才能进行光合作用而繁殖，故多分布于水域的上层。

藻类对净水工作的影响：基于以上原因，故在南方地区，气候温暖、冬季河床较干枯，水流较平静，藻类繁殖很快。由于藻类细胞中含有油质，细胞死后其油质分散入水体便产生异臭。硅藻、绿藻、蓝藻、原生动物等均能产生不同程度的异臭（水体中有腐朽物及有机物亦能产生异臭）引起水质变坏，同时蓝绿藻能排放毒素，人不慎摄入后，将引起中毒。在净化过程中，只能除去藻类而不能除去它们所排出的毒素。即使用活性炭处理亦不能将此类毒素去掉。曾有因受小藻排出毒素的影响，而使饮用者引起胃肠炎的报道，这应当引起注意。故对水库勤加清理是搞好水质管理措施之一。藻类来临时，由于体型小、质量轻，满布于净水构筑物内，悬浮于沉淀池中而不下沉，以致流入滤池内，布满于滤层表面而堵塞滤层，影响滤水、妨碍生产，人们必须克服这种现象才能使净水工作顺利进行。

含藻类原水的处理方法很多，但是去除藻类必须与水厂中其他工艺如混凝、沉淀、过滤和消毒结合起来，才可取得较好的除藻效果。常用的处理方法如下：

（1）减慢藻类繁殖速度。藻类大多数须在阳光照射下经光合作用才能生存与繁殖。如能在水库中种植水生植物（水浮莲、菱角等），它们浮生于水面，吸收大部分阳光，使藻类得不到足够的阳光，光合作用便减少，繁殖速度减慢，对净水工作的压力自会减少。

（2）投加硫酸铜。硫酸铜对藻类杀灭的作用的机理比较复杂，作用与反应尚不大明瞭。投加适量的硫酸铜可将藻类杀灭，但过多则对鱼类有害，同时对人们的饮用也有影响。故应控制投加量外，还须随时检查水质的含铜量以保水质安全（一般投加量均控制在＜1mg/L）。

注：渔业水质标准中含铜量不超过0.01mg/L。

（3）投加氯。氯能杀灭藻类，亦能除去由于藻类死亡后所带来的异臭、异味等。投加量由水厂根据当时的水质情况，经现场试验取得数据。

（4）投加混凝剂。投加较大量的混凝剂可将藻类凝聚而下沉，从而除去之。

（5）投加高锰酸钾。利用高锰酸钾的强氧化性氧化除藻。一般高锰酸钾投加浓度为$1\sim3$mg/L。如果预氧化过程中高锰酸钾投量过多，可能会穿透滤池而进入配水管网，出现"黑水"现象，而且出水的含锰量增加，有可能不符合生活饮用水水质标准。过剩的高锰酸钾可在沉淀池中去除，只要淡红色已在池内消失，高锰酸钾就不会进入滤池。

（6）气浮法。用气浮池除去悬浮物的同时，去除藻类。

第三章　排泥水处理工艺

城市自来水厂生产饮用水的过程，实质上是杂质从水中分离的过程，杂质随一部分水排走时混合形成了排泥水。这部分排泥水占总净水量的2%～4%，主要来自沉淀池的排泥水和滤池的反冲洗废水，成分包括原水中的悬浮物和有机物，以及生产过程中投加的混凝剂和石灰等药剂。自20世纪70年代以来，发达国家的自来水厂排泥水处理和污泥处置工作在经济蓬勃发展的带动下得到了迅速发展。目前，美国、日本、欧洲等国较大规模的自来水厂一般均配置有较完善的、自动化程度高的排泥水处理和污泥处置设施。在我国，随着对环保要求的提高，净水厂污泥处置亦开始要求逐步改变以往不加处理直接排放至水体的做法，提出在排放前进行处理，以达到一定的排放标准，或者直接回用再进行净化处理，达到更高的节约水资源的目的。

原水中的污染物在净水过程中被浓缩，浓度较原来高出数倍甚至数十倍。排泥水如不经处理直接排入河流，势必会给河道造成不同程度的污染，淤积抬高河床，不利于水环境的保护。同时，排泥水量若能回收利用，还可在一定程度上节约水资源，节省能耗。同时由于部分季节原水浊度较低，若排泥水回收利用，可在一定程度上改善反应条件，节省矾耗。因此，有必要考虑水厂排泥水的处理和回收利用。

第一节　排泥水的特性

天然水体中含有多种有机与无机物质，通过净水厂净水工艺处理，大部分作为净水工艺的生产副产物排出工艺流程，其中除通过滤网等物理截留的大颗粒固体物质外，均以生产排泥水的形式存在，前者可直接作为固体废弃物处理，而后者由于体积大，数量多，需经过减量化处理，以便于运输与后期处置，并尽量实现资源化。净水厂排泥水随原水和净水工艺的不同存在较大差异。不同水源类别，加药量和混凝沉淀效果等因素导致净水厂污泥特性的不同，如在上海同样的沉淀池排泥水，以黄浦江上游为水源的污泥粒径分布主要为 $10 \sim 60 \mu m$（约占总量的75%），而以陈行水库调蓄的长江水源的污泥粒径分布为 $0.2 \sim 7 \mu m$（约占总量的80%），远小于前者。

工艺流程中产生的杂质和排泥水需进行分类，其中滤网截留杂质作为废弃物处理；砂砾与预沉排水一般结合前期物理截留措施，亦不进入净水厂处理工艺流程；膜处理工艺的浓缩、反冲洗和清洗废水经过 pH 调质中和后可满足《污水综合排放标准》（GB 8978）排放要求，故净水厂需处理的排泥水主要来自沉淀池排泥水和滤池反冲洗废水。

一、沉淀池排泥水

含混凝剂的沉淀池排泥水占净水量的 0.5%～3.0%，主要由铝盐或铁盐混凝剂形成的金属氢氧化物、泥沙、淤泥等各类无机和有机物组成。其特点是随原水水质变化而有较大的变化，包含净水工艺去除的大部分物质。原水水质的季节变化可能对污泥的量和浓缩、脱水性能产生很大的影响。高浊度原水产生的污泥具有较好的浓缩和脱水性能；低浊度原水产生的污泥，其浓缩和脱水相对困难。一般铁盐混凝剂形成的污泥较铝盐更易浓缩，必要时可投加聚合物或石灰以提高浓缩性能。一般传统工艺沉淀污泥的生物活性不强，pH 接近中性，含固率较低，介于 0.2%～1.0% 之间。但采用生物流程的高效沉淀工艺，其生物活性明显加强，排出污泥含固率显著提高，可达 2%～3% 甚至以上。

二、滤池反冲洗水

滤池反冲洗水占净水量的 1.0%～2.5%，其含固率比沉淀池排泥水低得多，平均固含率仅 0.02%～0.05%，主要由悬浮胶体、粘土、有机物及化学药剂残余物组成。由于进入滤池的浊度一般较低且相对稳定，因此排放量和平均含固率变化较小。反冲洗水回用不但可节约水资源，对低浊水而言，更可提高絮凝效果。如果采用该方法造成滤池出水浊度升高，影响滤池出水质量，则应考虑对其单独加药处理，上清液回用，底泥与沉淀污泥一起再行处理。但如考虑反冲洗水回用，亦应考虑生物安全性及铁、锰等金属离子富集因素对饮用水水质的影响。

第二节　排泥量的确定

自来水厂产生的排泥量受多种因素的影响，这些因素包括原水水质、水处理药剂的投加量、采用的净水工艺和排泥方式等。确定经济合理的污泥量是广大排泥水处理工作者面临的一个难题。污泥量确定包括两方面内容：一是排泥水总量的确定，它将决定排泥水截留池和浓缩池的设计规模；二是总干泥量的确定，它用来确定污泥脱水设备的设计规模。可见，污泥量的确定直接影响整个排泥水处理工程的设计规模，从而影响整个工程的设备配置和投资规模。

排泥水总量的确定主要根据沉淀池排泥周期、排泥设备流量及排泥时间等参数计算。而干泥量计算公式在我国、美国、日本和英国的相关文献中略有差别，但本质意义均体现净水厂干泥量由去除的悬浮固体、原水杂质以及投加药剂形成的化合物组成。一般条件下应按《室外给水设计规范》（GB 50013—2006）中的公式计算：

$$S = (K_1 C_0 + K_2 D) \times Q \times 10^{-6}$$

式中　C_0————原水浊度设计取值，NTU；

　　　K_1————原水浊度单位 NTU 与悬浮物 SS 单位 mg/L 的换算系数，应经过实测确定，据国外有关资料介绍，$K_1 = 0.7～2.2$；

　　　D————药剂投加量，mg/L；

　　　K_2————药剂转化成泥重的系数；

Q——原水流量，m^3/d；

S——干泥量，t/d。

第三节　排泥水处理工艺

一、工艺流程及选择

净水厂排泥水处理工艺流程应根据水厂所处社会环境、自然条件及净水工艺，同时需考虑排泥水的沉降性能，上清液 SS 是否能达标排放，排泥池中的泥水浓度是否能满足浓缩脱水的需要，以及排泥池和排水池是否能满足排泥水预浓缩的体积要求等。常用的三种方式如图 3-1 所示。

方式一：

方式二：

方式三：

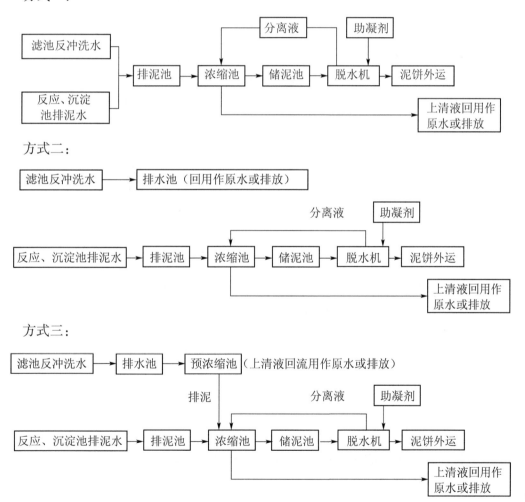

图 3-1　常用三种排泥水处理工艺流程

方式一：反应、沉淀池排泥水和滤池反冲洗水经排泥池混合后，一起进行污泥水浓缩脱水处理，上清液回用作原水或排放。适用于滤池反冲洗废水不能满足回用要求，但单独浓缩无法满足脱水机械要求，只能与沉淀池排泥水混合浓缩的情况。

方式二：反应、沉淀池排泥水浓缩脱水处理，上清液回用作原水或排放；滤池反冲洗废水直接回用作原水或排放。适用于滤池反冲洗废水可直接满足回用要求的情况，由于长时间回用可能引起金属离子富集等问题，应考虑排放措施。

方式三：反应、沉淀池排泥水浓缩脱水处理，上清液回用或排放；滤池反冲洗废水经过预浓缩，底部污泥与沉淀池排泥水一起浓缩脱水处理，上清液回用作原水或排放。适用于滤池反冲洗废水含固率较高，需经过预浓缩才可满足回用要求的情况，考虑到长时间回用可能引起的金属离子富集等问题，应考虑排放措施。

工艺选择受污泥特性、场地及净水工艺等多方面限制，当沉淀池排泥水平均含固率大于3%时，可超越浓缩工艺直接进入平衡池。如场地条件宽裕，反应、沉淀池排泥水及滤池反冲洗水收集系统相互独立，可采取方式三；从简化处理系统，尤其是用地紧张时，方式二也是一种经常采用的处理流程。

二、排泥水的收集与调节

净水厂沉淀池排泥水和滤池反冲洗水排水都是间歇性的，集中流量较大且水质变化也大，收集与调节工序作用是将沉淀池排泥水和滤池反冲洗水通过专用管路系统汇集排入排泥池和排水池，通过两者池容进行调节，均量均质出流，起到保证后续浓缩和脱水工艺连续稳定工作的作用。许多国内已建水厂原生产废水考虑统一排放往往采用合建系统。图3-1中方式二和方式三适用收集系统分建工艺，方式一则适用于收集系统合建工艺。

排泥池和排水池作为调节设施宜分建，并尽量靠近沉淀池和滤池。

（一）排水池

排水池的设计要点：

（1）排水池容量应大于滤池1格冲洗时的排水量，当滤池格数较多时，容量则相应放大，并考虑浓缩池上清液排入。

（2）为考虑排水池的清扫和维修，排水池应设计成独立的2格。

（3）排水池有效水深一般为2～4m，当排水池不考虑作为预浓缩时，池内宜设水下搅拌机，以防止污泥沉积。

（4）当考虑排水池兼作预浓缩池时，排水池应设有上清液的引出装置及沉泥的排出装置。

（5）当考虑滤池冲洗废水回用时，排水泵流量的选择应注意对净水构筑物的冲击负荷不宜过大，一般宜控制在净水规模的5%左右。

（6）当滤池冲洗水直接排放时，排水泵选择要考虑一格滤池冲洗的废水量在下一格滤池冲洗前排完。如两格滤池冲洗间隔很短，也可考虑在反冲洗水流入排水池后即开泵排水，以延长水泵运行时间，减小水泵流量。

（二）排泥池

排泥池的设计要点：

（1）排泥池的容量不能小于沉淀池最大一次排泥量，或不小于全天的排泥总量，排泥池容量中还需包括来自脱水工段的分离液和设备冲洗水量。

（2）为考虑排泥池的清扫和维修，排泥池应设计成独立的 2 格。

（3）排泥池内应设液下搅拌装置，以防止污泥沉积。

（4）排泥池进水管和污泥引出管管径应大于 DN150，以免管道堵塞。

（5）提升泵容量可按浓缩池连续运行条件配置，考虑至浓缩池主流程排泥和超量泥水排放，并设置备用泵。

例：西×水厂排泥水与反冲洗水的收集与调节：

西×水厂排泥水处理系统为方式一，但前处理方式稍有不同（工艺流程如图 3 - 2 所示）：排泥水和反冲洗水均先进入调节池进行收集与调节；混合后再通过污泥泵送入沉泥池（见图 3 - 3）进行污泥沉淀、污泥预浓缩及上清液回收；池底沉淀污泥通过排泥车送入浓缩池，上清液进入沉泥池；浓缩后的污泥再送入平衡池（储泥池）；然后进入离心脱水机，脱水后的泥饼外运处置。

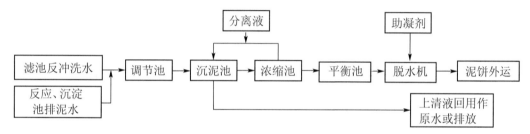

图 3 - 2 西×水厂排泥水处理工艺流程

图 3 - 3 沉泥池

三、排泥水的浓缩

自来水厂沉淀池的排泥水含固率一般仅为0.2%～1.0%，需经浓缩后缩小污泥体积，再将浓缩后的污泥送往后续工艺进行污泥脱水。通常要求浓缩污泥的含固率达到2%～3%，以满足污泥脱水机械高效率地进行污泥脱水的需要。最常用的浓缩方法是重力式浓缩池，重力浓缩其本质上是一种沉淀工艺，属于压缩沉淀。浓缩前由于污泥浓度较高，颗粒之间彼此接触支撑。浓缩开始后，在上层颗粒的重力作用下，下层颗粒间隙中的水被挤出界面，颗粒之间相互拥挤得更加紧密。通过这种拥挤和压缩过程，污泥浓度进一步提高，从而实现污泥浓缩。重力浓缩、机械脱水方式的优点是浓缩池大大减少了需脱水污泥的体积，有效减少脱水机数量，设备投资大大节省，降低电耗，脱水污泥浓度较均匀，使脱水机运行稳定。

排泥水通过池中间的进泥筒进入浓缩池，通过斜板进行泥水分离，上清液由池上部的集水槽收集，经集水总渠回流或排放。污泥则以重力沉降至池底。

浓缩池计算受污泥量、污泥特性、场地布置和工艺流程等因素的影响，应根据物料平衡结果和试验确定的设计固体通量进行计算。重力浓缩池宜采用圆形或方形辐流式浓缩池，其费用低但占地面积较大。当占地面积受到限制时，可采用斜板（管）浓缩池，但建设费用略高。

浓缩池设计应注意以下要点：

（1）浓缩池处理的泥量除沉淀池排泥量外还需考虑清洗沉淀池、排水池、排泥池所排出的水量以及脱水机的分离液量等。

（2）固体通量、液面负荷宜通过沉降浓缩试验，或按相似排泥水浓缩数据确定。当无试验数据和资料时，辐流式浓缩池的固体通量可取0.5～1.0kg（干固体）/（m²·h），表面负荷不大于1.0m³/（m²·h）。

（3）浓缩池数量宜采用2座或2座以上。

（4）进流部分应尽量不使进水扰乱污泥界面和浓缩区域。

（5）浓缩池上清液一般采用固定式溢流堰，为了不使沉降污泥随上清液带出，溢流堰负荷率应控制在150 m³/（m²·h）以下。当重力浓缩池为间歇进水和间歇出泥时，可采用浮动槽收集上清液提高浓缩效果。

（6）为使污泥浓缩，在刮泥机上宜设浓缩栅条，随刮泥机一起转动，提高浓缩效果，外缘线速度不宜大于2m/min。

（7）浓缩后泥水含固率应满足脱水机械进泥浓度要求，且不低于2%。

（8）浓缩泥水排出管管径不应小于DN150。

（9）采用辐流式浓缩池时，池边水深宜为3.5～4.5m，当考虑泥水在浓缩池做临时储存时，池边水深可适当加大，宜采用机械排泥；当池体较小时，也可采用多斗排泥。

（10）采用斜板（管）式浓缩池（见图3-4）时，由于池体面积较小，池深应加深，以保证足够的停留时间；设计固体通量和液面负荷不宜太高，以应对可能出现的冲击负荷；池体周围应设冲洗水栓，定期对斜板（管）进行冲洗，以避免变形；浓缩池进水布置方式应与斜板（管）方向相对应，尽量减少短流。

图 3 - 4　污泥浓缩池（斜板）

四、污泥储存

由于脱水机的进料要求浓度均衡，设置储泥池作为脱水机的吸泥井，是为了收集和储存浓缩池输送来的浓缩污泥，保证脱水机进泥量和污泥浓度的均衡，并由脱水机房内的输泥泵送至污泥脱水机脱水。

储泥池的设计要点如下：

（1）池容积根据脱水机房工作情况和高浊度时增加的污泥储存量而定。

（2）池有效深度一般为 2～4m。

（3）池内应设液下搅拌机，使得污泥浓度均匀，防止污泥沉积。

（4）污泥提升泵容量和所需压力，应根据采用脱水机类型和工况决定。

（5）污泥平衡池进泥管和出泥管管径应大于 DN150，以免管道堵塞。

五、污泥脱水

污泥脱水是污泥处理的关键环节。它将流动性质的泥水转变为不具流动性、可进行处置的泥饼。它也是自来水厂排泥水处理现场的最后一道工序，也是排泥水处理工程中投资和维护费用较高的部分，因此正确选择污泥脱水工艺十分重要。

净水厂常用脱水工艺有自然干化和机械脱水。污泥自然干化具有不加或少加药剂、泥饼保持原土质性能易于处理、管理方便、投资省、工艺简单的优点，如果作为一种简单的临时处理措施，特别适用于厂区预留用地较多且回填土方量较大的水厂，但其缺点是占地面积大、脱水时间长、效率低，浓缩后排出污泥浓度较低，减量化效果不明显，污泥滋生害虫，污染地下水，且其脱水效果受气候因素影响很大。

目前，自来水厂污泥脱水方式大多采用不受自然条件影响、脱水效率高、占地少、运行管理方便、自动化程度高的机械脱水方法，通常为了脱水后污泥便于运输及泥饼的最终处置，脱水后的污泥含固率应该在30%以上。机械脱水设备以带式压滤机、板框压滤机和离心脱水机三种为主，常用污泥脱水机械的性能特点见表3－1。

表3－1 常用污泥脱水机械的性能特点

评价指标	离心机	板框压滤机	带式压滤机
工作原理	离心沉淀	压力过滤	压力过滤
运行方式	连续式	批式	连续式
脱水泥饼含固率	中（20%～40%）	高（30%～50%）	低（20%～25%）
固体截留率	>95%	>99.5%	95%
析出液性质	较混	清澈	浑浊
调质药剂量	可较低	较低	高
受污泥负荷波动影响	大	小	小
设备投资	低	高	低
运行电耗	高	中	低
运行费用	较高	较高	高
操作环境	好	差	差
设备运行管理	较易	较难	一般
清洗水量	较少	较多	较多
需调换磨损件费用	低	高	较高
抗污泥砂砾磨损	较差	好	一般
附属设施	简单	系统复杂	较复杂
占地面积	很小	大	一般

污泥脱水机械的选择应根据污泥的性质、现场情况及泥饼处置要求等各种条件，综合考虑技术、经济、环境和运行管理等各种因素分析确定。

（一）离心脱水机

离心脱水机通过强大的离心力作用达到固液分离目的。其主要特点是自动化程度高、运行控制灵活，可根据污泥性质、进泥流量与含固率的变化，以及调制药剂投加情况，调节离心机机械参数，以满足不同条件下对出泥含固率与污泥回收率（出水澄清度），出泥固含率可达20%～40%，离心机占地面积小、系统组成相对简单，可连续运行，现场工作环境好，缺点是噪音大，电耗稍高。

国内水厂排泥水大部分采用离心脱水机和板框压滤机。离心脱水机适宜连续工作，进泥含固率要求4%左右，出泥固含率可达30%以上。离心脱水系统配置简单，除主机外只需配置加药和进出料输送机械，脱水系统为全封闭式操作，工艺成熟，技术先进，工作稳定可靠，运行过程可自动进料、卸料，自动化程度高，操作管理方便，但电耗稍高、噪音较大是离心脱水机的缺点。

（二）板框压滤机

板框压滤机主要是膜式压滤机，通过向封闭滤板间压入污泥达到固液分离。进泥含固率可在 0.1%～20% 之间，污泥回收率高，滤液清澈，其出泥含固率可达 30%～50%。板框压滤脱水能力强，适用于污泥比阻大或对脱水泥饼含固率要求高的场所。板框压滤机对进泥加药要求较低，加药量少，电耗低。

传统板框压滤机平面布置占地为最大，设备体积庞大，为敞开式工作方式，系统需配置较多辅助设备，日常运行中相对冲洗水量较大。有一定的劳动强度，需通过人工将粘在滤布上无法自行脱落的泥及时铲除。由于采用人工铲泥，滤布易铲坏，缩短滤布的正常使用年限，滤布需定期更换，所以运行成本较高。板框压滤机对进泥浓度要求较低，泥饼含固率较高。板框压滤机运行噪声较低，但自动化控制程度不高，操作管理不方便，生产环境为半封闭状态，占地较大，工程投资较高。

板框压滤机目前最新型式为行走滤布式机型（日本制造），此类压滤机可以在不加药剂的情况下，获得含固率很高的泥饼，由于没有加药，泥饼和滤出液不含 PAM 单体，其综合利用的价值相对较高。脱水设备滤出液的 SS 含量很低，可满足回用要求，不加药的泥饼还可改良成园艺用土。行走式板框压滤机为进口设备，滤布需定期更换，脱水车间占地面积大且为两层厂房，工程费用和运行成本较高。

（三）带式压滤机

带式压滤机是通过两层滤布间的挤压达到固液分离。可连续自动运行，无级调速，机体简单，管理方便。但其出泥含固率低，为 20%～25%。污泥回收率低，滤液较浑，冲洗时需耗用相同泥量的清水，同时每台需配一套加药系统，加药要求较高，运行成本高。

水厂排泥水污泥具有压密污泥含固率相对较低，以及污泥颗粒粒径较细，富含氢氧化物絮体等特点，机械脱水设备中带式压滤机进泥要求在 3%～5% 甚至更大，且出泥含固率浓度一般只能达到 20%，因此针对于水厂排泥水污泥的特性及要求达到出泥含固率为25% 以上的处理目标要求，采用带式压滤机将无法达到处理效果。此外带式压滤机车间卫生环境差，不宜在城市自来水厂采用。

在选定脱水工艺前，须先用污泥做过滤试验，测定其比阻或 CST。比阻较小的污泥，易于脱水，可采用离心脱水；污泥比阻较大，可采用离心脱水或带式压滤；污泥比阻很大，可采用板框压滤。对于较大规模的净水厂，由于污泥处理的建设投资和运行费用较高，在决定采用何种脱水工艺之前，建议能够利用备选设备商提供的中试样机进行各种脱水机械工艺试验，以便对脱水机械的实际效果有较全面的了解，在获得可靠的试验数据，并对各种工艺进行详细的技术经济、效益评估之后，做出最佳的选择。

污泥经浓缩池浓缩后含固率达到 3%～5%，为改善污泥的脱水性质，使污泥悬浮固体能够形成不易破碎的粗大的颗粒，固液分离效果好，以便于脱水机进行污泥脱水，在污泥进入脱水机前需投加反应剂。

目前，一般加入适量的有机高分子聚合物聚丙烯酰胺（PAM）对污泥进行调质，以降低污泥比阻，使其易于脱水。聚丙烯酰胺有阴离子型、阳离子型和非离子型三类，投加率为 2～5kg/t（干泥）。脱水设备及处理过程见图 3-5～图 3-8。

图 3 - 5　离心脱水机

图 3 - 6　聚丙烯酰胺投加系统

图 3 - 7 脱水泥饼输送带

图 3 - 8 脱水泥饼外运

第四节　泥饼处置

脱水以后泥饼的处置是污泥处理的关键问题，污泥的最终处置费用高，环境影响大，处置方法多。脱水污泥也是一种资源，至少可以作为填土或垃圾填埋场的覆盖土，有些还可以制砖、烧水泥，不投加 PAM 富含有机物的脱水污泥还可以作为肥料。目前主要有泥饼的海洋投弃、泥饼的焚烧处理、泥饼的卫生填埋、泥饼的农用、泥饼的资源化等。

一、泥饼的海洋投弃

该方法较为简单，不用花费大量的投资，但是污染海洋，可能会引起全球性的环境问题。进行海洋投弃时，要注意有关的法规。随着泥饼陆上埋弃用地越来越困难，海洋投弃被更多地作为污泥处置的选择。投海污泥最好是经过消化处理后的污泥。投海的方法可用管道输送或船运。但是，由于近海的污染逐年加剧，甚至影响到海洋的生态平衡，因而污泥的海洋投弃也会越来越多地受到限制。在选用海洋投弃时，应估计到有关法令的修改和进展。

二、泥饼的焚烧处理

对于有机物含量较大的自来水厂污泥，可以采用焚烧处理。

三、泥饼的卫生填埋

污泥干化后，含水率为 70%～80%，用于填埋的污泥含水率以 65% 左右为宜，可以保证填埋体的稳定与有效压实。在填埋前可添加适量的硬化剂，一方面调节含水率，另一方面可以加速固化。选择填埋场地时需要考虑因素有：当地的水文地质条件、污泥量和运距、周边环境以及填埋地的开发利用等。

四、泥饼的农用

虽然给水污泥中含有粘土、腐殖质以及其他悬浮物质，其肥效很低。但是，不投加 PAM，富含有机物的脱水污泥也可以作为农业肥料。污泥中含有的有机物质又可以作为土壤改良剂。当污泥适度用于土壤中后，发生类似于水处理过程中的絮凝反应可提高土壤的凝聚程度，改善土壤的结构，改良土壤的物理化学性质，增加土壤养分，提高可耕作性。因此可将给水厂污泥用于农业或园林中。但是污泥中也含有有毒物质，其中重金属含量是决定污泥是否可以农用的主要因素。因此，污泥农用时必须符合：①满足卫生要求，即不得含有病菌、寄生虫卵与病毒，故在污泥农用前应该进行消毒处理或者是季节性使用。②因重金属离子，如 Cd、Hg、Pb、Zn 和 Mn 等容易被作物吸收并在植物的根、茎、叶与果实内积累，所以污泥的重金属离子含量必须符合相关部门的指定农用标准。

五、泥饼的资源化

随着污泥处置用地日益紧张，很多国家的自来水厂及有关环保部门，都在致力于用泥饼制造有用物品的研究。这些物品包括建筑用骨料、研磨料、陶瓷工业原料等。研究证明，自来水厂泥饼的资源化利用在技术上是可行的，但是，目前污泥的资源化利用还存在污泥品质成本、数量不足等方面问题。污泥资源化还需注意两点：一是产品的市场性；二是加工过程中是否会产生二次污染。由于工艺复杂、成本昂贵，泥饼综合利用目前还较难实施。但是从环境保护的长远观点来看，会有广阔的前途。因此，如何将泥饼综合利用过程简单化、实用化、商品化，是一个急待解决的课题。

第四章 净水构筑物的运行管理

第一节 净水构筑物的检查

水厂净水构筑物按生产流程主要有：取水泵站、生物滤池、反应沉淀池、砂滤池、臭氧接触池、活性炭滤池、清水池和排泥水处理构筑物。这些净水构筑物的好坏直接关系到整个制水生产流程的质量。为了确保各净水构筑物的正常生产运行，保证出厂水水质稳定达标，水厂、加压站及原水管理所应定期对净水构筑物进行检查，检查频率可根据实际情况进行合理调整，但必须做到有据可循，以确保净水构筑物的安全运行。

首先，应根据《净水构筑物外观及设施检查表》中的要求，一般每月对已有净水构筑物的结构、设施和阀门井等附属设施的外观情况检查1次，检查时做好现场检查记录，发现异常情况必须立即报水厂、加压站及原水管理所有关负责人检查处理。

一、取水泵站

取水泵站是水厂生产流程的头部，确保其正常运行是保障水厂正常生产的首要任务。据其重要性，日常当班人员应根据需要定期对其进行巡检。主要巡检内容有：河面水位情况，原水色度、嗅味是否正常，水面是否有油污等污染物，防油栏是否完好，取水水泵运行是否正常等。

巡检频率一般每小时一次，并做好巡检情况记录，发现问题必须及时汇报并做出妥善处理。

二、生物滤池

生物滤池作为水厂传统的常规处理的预处理单元，目前主要承担着去除原水中氨氮的任务。因此，日常运行中必须定期对其运行状态进行巡检与检测。

其次，日常当班人员还须根据净水生产构筑物布局情况及生产流程中各控制点的重要程度，合理设置净水构筑物的巡检频率及内容要求。

（一）巡检

在生物滤池自动运行条件下，为确保滤池运行安全，应合理安排对生物预处理滤池的巡检，主要观察滤池水位变化情况、水面曝气量是否正常和曝气均匀性，以及各滤池进气量、液位计等相关仪表的显示值是否与实际相符。

尤其是在滤池反冲洗时，为确保洗池质量，每个生物滤池每周均应进行不少于1次的旁站观察，并及时将旁站观察结果记录于滤池反冲洗旁站观察记录表中。旁站观察的内容应包括但不限于：自动冲洗的滤池是否按程序洗池，反冲洗前后滤层表面平整情况、积泥情况，运行水位情况，反冲洗配水配气均匀情况，反冲洗时间及强度情况，滤料层和支撑层是否有紊乱、乱层及滤料流失情况，气囊充排气情况，反冲洗效果，阀门启闭和密封情况，有无渗漏，配水和配气支管是否有穿孔现象等。

反冲洗过程中应特别注意结合反冲洗操作步骤进行观察，若发现异常情况，应立即停池做好记录，并报水厂有关负责人检查处理。在确认滤池存在较大问题后，必须立即上报相关技术部门。

（二）检查与检测

生物预处理滤池每年需全面检测和停水检查一次，检测内容包括：氨氮、水头损失、气（水）冲洗强度等；停水检查内容包括：对滤料厚度、滤料流失、滤柄断裂、池底积泥、曝气管、阀门等情况进行检查，并做好记录。

三、反应沉淀池

每次巡检时，反应沉淀池的观察内容主要有：反应池内矾花状态是否正常（主要看矾花密实情况和是否有泛白现象），是否有油污及垃圾，虹吸排泥管是否正常工作，管道接口有无漏气，压力表是否损坏，能否正常破坏真空；沉淀池排泥车是否能抽真空，排泥及行走时是否有异常振动及声响，是否会中途停顿，行车到达终点时能否破坏真空；沉淀池水面是否正常，集水槽出水矾花情况，有无油污等。

四、砂滤池

砂滤池作为水厂常规处理的最后一级处理，对确保出厂水最终达标起着最重要的保安作用。因此，日常运行中必须定期对其运行状态进行巡检、检查与检测。

（一）巡检

在砂滤池自动运行条件下，为确保滤池运行安全，应合理安排对砂滤池的巡检，尤其是针对滤池反冲洗的旁站观察。为确保洗池质量，每个砂滤池每周均应进行不少于3次的旁站观察，并及时将旁站观察结果做好记录。旁站观察的内容应包括但不限于：自动冲洗的滤池是否按程序洗池，反冲洗前后滤层表面平整情况、积泥情况，运行水位情况，反冲洗配水配气均匀情况，反冲洗时间及强度情况，滤料层和支撑层是否有紊乱、乱层及滤料流失情况，反冲洗效果，阀门启闭和密封情况，有无渗漏，配水和配气支管是否有穿孔现象等。

反冲洗过程中应特别注意结合反冲洗操作步骤进行观察，若发现异常情况，应立即停池做好记录，并报水厂有关负责人检查处理。在确认滤池存在较大问题后，必须立即上报相关技术部门。

（二）检查与检测

水厂砂滤池的检测，常规检测项一般要求每个滤池每半年检测1次，全面检测项一般要求每个滤池每年检测1次。内容包括：待滤水、初滤水、反冲洗水浊度，反冲洗时间、强度、周期、滤速、膨胀率，滤料含泥量等。

砂滤池滤面情况检查一般要求每季度检查2次，检查内容包括滤面积泥及滤料层厚度等。

检测完毕应及时做好记录，发现异常情况必须立即报水厂有关负责人检查处理。

五、臭氧接触池

臭氧接触池包括预臭氧接触池和主臭氧接触池。因臭氧接触池体为密封结构，正常运行时内部无法进行观察。需要巡检的关键内容是臭氧接触池的附属设备，一般每隔 1 ~ 2h 巡检一次，主要包括：配水井水位是否正常，有无溢流及油污；回转式固液分离机运行是否正常，有无异响；取样管是否持续出水，有无异味；水质仪表和流量计显示是否正常，坑底泵运行是否正常；射流加压泵组运行是否正常，有无异响和过热情况；臭氧安全阀是否打开，有无臭氧气味泄漏；臭氧投加流量计是否符合总量，射流器压力表是否正常；温度仪表显示是否在正常范围内；以及与臭氧接触池相关的液氧储存设备、臭氧发生系统运行是否正常，有无破损和异响，各项技术参数是否在正常范围内。

六、活性炭滤池

活性炭滤池作为水厂深度处理工艺的最后一级处理，对提升出厂水水质及确保出厂水安全性起着非常重要的作用。因此，日常运行中必须定期对其运行状态进行巡检、检查与检测。

（一）巡检

在活性炭滤池自动运行条件下，为确保滤池运行安全，应合理安排对活性炭滤池的巡检，尤其是针对滤池反冲洗的旁站观察。为确保洗池质量，每个活性炭滤池每周均应进行不少于 1 次的旁站观察，并及时将旁站观察结果做好记录。旁站观察的内容应包括但不限于：自动冲洗的滤池是否按程序洗池，反冲洗前后滤层表面平整情况、积泥情况，运行水位情况，反冲洗配水配气均匀情况，反冲洗时间及强度情况，滤料层和支撑层是否有紊乱、乱层及滤料流失情况，反冲洗效果，阀门启闭和密封情况，有无渗漏，配水和配气支管是否有穿孔现象等。

反冲洗过程中应特别注意结合反冲洗操作步骤进行观察，若发现异常情况，应立即停止运行做好记录，并报水厂有关负责人检查处理。在确认滤池存在较大问题后，必须立即上报相关技术部门。

（二）检查与检测

活性炭滤池的检测：常规检测项一般要求每个滤池每半年检测 1 次，全面检测项一般要求每个滤池每年检测 1 次。内容包括：待滤水、初滤水、反冲洗水浊度，反冲洗时间、强度、周期、滤速、膨胀率，滤料含泥量、粒径等。

活性炭滤池滤面情况检查一般要求每季度检查 2 次，检查内容包括滤面杂质积累情况及滤料层厚度等。

检测完毕应及时做好记录，发现异常情况必须立即报水厂有关负责人检查处理。

炭滤池每年还需放空检查 1 次，并及时填写检测结果。内容包括：池底滤料漏失、滤柄、池底积泥等情况。

七、清水池

清水池是水厂生产的自来水的储存与中转设施，应做好清水池池体的保护与巡查工作，防止清水池与外界连通的空洞受到污染。一般应每周对清水池的"三孔"（透气孔、进人孔、溢流孔）密封包扎情况检查 1 次，并做好现场检查记录，若发现问题应及时进行整改。

八、排泥水处理构筑物

水厂的排泥水主要包括生物滤池的反冲洗水、沉淀池的排泥水和砂滤池的反冲洗水。为了实现排泥水的达标排放及节水回用的目的，这三类水需分别经过调节池、沉泥池、浓缩池、上清液回收池、储泥池和污泥脱水机的浓缩与脱水处理，最后形成泥饼外运安全处理。为保证水厂的正常生产，排泥水处理构筑物必须安全正常运行，因此，也必须对这些构筑物运行情况进行巡检。在系统自动运行条件下，需人工定期对净水构筑物的液位情况、沉淀与浓缩效果、泥饼出泥情况及泥饼含水率正常情况等进行观察，发现情况及时启动应急预案，以免影响水厂正常供水。

第二节　净水构筑物的清洗消毒

在正常生产情况下，水厂及加压站必须按规定的清洗、消毒方式和频率对净水构筑物进行清洗、消毒，当原水水质变化较大或受到特殊污染时，水厂可根据净水构筑物处理的水质情况适当调整清洗和消毒频率，并在报表中做出调整原因说明。

一、混合反应池

水厂每周应对混合池（配水池）、反应池裸露池壁及运行水面下 0.5m 范围内的池壁洗刷 1 次，确保池壁的洁净；在微生物污染或藻类高发期，用氧化剂如次氯酸钠溶液或石灰水喷刷运行水面上下 0.5m 范围内的裸露池壁，防止微生物、藻类繁殖。

有条件时应对混合池（配水池）进行放空清渣并冲洗；在沉淀池放空清洗期间，同时放空清洗相应的反应池，用高压水枪冲洗池面、池壁、拦污栅、网格及池底，冲洗后要彻底清理池内的垃圾和积泥，保证池底及死角无积泥，并且对松脱的网格进行加固或更换。

二、沉淀池

水厂每周应对沉淀池裸露池壁及运行水面下 0.5m 范围内的池壁洗刷 1 次，确保池壁的洁净；在微生物污染或藻类高发期，用氧化剂如次氯酸钠溶液或石灰水喷刷运行水面上下 0.5m 范围内的裸露池壁，防止微生物、藻类繁殖。

（一）斜管沉淀池

一般情况下，斜管沉淀池每天排泥 2 次，每月冲洗斜管面 2 次，每两个月放空清洗 1 次，并结合原水水质及积泥情况进行合理调整。

冲洗时必须将水面降低至斜管底 20cm 以下，用高压水枪冲洗斜管面及池壁，冲洗后必须保证所有斜管面无积泥，斜管畅通。放空清洗时要保证池底积泥清洗干净，并及时做好记录。

（二）平流沉淀池

平流沉淀池一般每天排泥 1 次，每年放空清洗 1 次，并结合原水水质及积泥情况进行合理调整。

平流沉淀池排泥时可根据不同位置积泥情况不同的特点，排泥车采用灵活运行的方式，分段分次排泥或调整排泥车运行速度。放空清洗时，在排泥设备运行不受影响的情况下，应同时启动排泥车排泥。用高压水枪冲洗池面、池壁及池底，冲洗后必须保证池底无积泥，池壁干净平整，并检查微生物生长情况、排泥车、斜管清洗质量等情况。清洗完毕后也应及时做好记录。

三、滤池

水厂每周应对滤池裸露池壁及运行水面下 0.5m 范围内的池壁洗刷不少于 1 次，确保池壁的洁净；水厂每季度应对滤池内壁（包括水面下滤面上的池壁）及集水槽、反冲洗排水槽的内壁等全面清洗 1 次。根据滤池出水微生物情况对滤池池底水进行排放，原则上砂滤池、炭滤池的池底水每季度排放 1 次，每次排放 10～20min，应控制好排空阀开度，滤面不能排干水。

在微生物污染或藻类高发期，用氧化剂如次氯酸钠溶液或石灰水喷刷砂滤池运行水面上下 0.5m 范围内的裸露池壁，防止微生物、藻类繁殖。

（一）生物预处理滤池

（陶粒滤料）生物预处理滤池应停水放空检查，检查时对池底积泥及沉积杂质进行必要的清洗；（轻质滤料）生物预处理滤池需停水降低液位至滤板以下检查，检查时对滤板上积泥及滤板缝隙进行必要的冲洗。检查完成后恢复运行前需进行反冲洗，并及时做好记录。同时，必要时应定期清空滤料检查与清洗滤料、滤头、滤柄及曝气管道，保证过滤与曝气设施的正常运行。

（二）砂滤池

砂滤池应定期进行浸泡、消毒，消毒剂可采用氯水或次氯酸钠溶液。砂滤池一般每年浸泡消毒 1～2 次，并结合滤池出水水质情况进行合理调整消毒频率。

砂滤池消毒前应先进行反冲洗，冲洗完毕后打开池底阀，将水排空，然后关闭池底阀，随滤池来水投加氯水或次氯酸钠溶液，并对池底阀排水和池面水进行检测，保证池底水余氯高于 80mg/L，水位保持在砂面上 10cm，浸泡消毒时间不低于 4h，4h 后检测池底水余氯要求高于 20mg/L。浸泡完毕后需对滤池进行反冲洗，滤后水余氯≤5mg/L 后才能投入正常运行。砂滤池消毒完毕后应及时做好消毒情况包括消毒剂、浸泡消毒时间、浸泡完成时池底余氯检测等情况记录。

（三）炭滤池

炭滤池每年放空检查时对滤池内积泥及其他积累杂质进行必要的清洗。检查完成后恢复运行前需进行反冲洗。

四、臭氧接触池

臭氧接触池放空清洗前必须确保进气管路和尾气排放管路已切断。切断进气管路和尾气排放管路之前必须先用空气将布气系统及池内剩余臭氧气体吹扫干净或停止臭氧投加一段时间，并检测到池内空气中臭氧浓度低于 0.1×10^{-6} 后才能进入池内，清洗的同时需采取必要的通风措施，且池外必须要设置专人监护。

水厂每周需对预臭氧接触池加压水泵吸水管与拦污格栅之间的池水进行排放，减少贝类在该部位的积聚。一般要求每年对整个预臭氧接触池放空清洗 1 次，放空清洗时将积聚的贝类、泥沙等清理干净，并检查加压水泵、射流曝气器、安全压力阀、尾气消泡器等池内外设备是否有堵塞和泄漏、池内不锈钢爬梯是否有松动、人孔密封胶圈是否有老化破损、观察窗是否有漏水等现象。同时对池内壁、池底、池顶、伸缩缝进行检查。清洗后，洗池水应排干。

每两年需对主臭氧接触池放空清洗 1 次。放空清洗时检查池内布气管路是否松动移位，曝气盘是否堵塞，并重新调整布气管路和清洗曝气盘。对池内壁、池底、池顶、伸缩缝、人孔密封圈、池内不锈钢爬梯、压力安全阀、观察窗等进行检查。清洗后，洗池水应排干。在恢复运行前，主臭氧接触池应进行消毒处理。

对臭氧接触池检查、清洗、消毒后，应对池内检查、清洗、消毒过程及前后情况做好记录。

五、清水池（水库）

水厂清水池一般每年清洗、消毒 1 次；加压水库一般每季度或半年放空检查 1 次，发现有摇蚊幼虫或砂、泥积存较多时必须马上进行清洗。

当原水或净水过程中受到特殊污染，经检验确定清水池或水库受污染时，必须立即对清水池或水库进行放空清洗、消毒处理；微生物污染高发期，应实时观测清水池包扎水龙头出现红虫情况，若红虫数量突然上升，应立即分析原因，若确定清水池已受红虫污染，必须马上进行清洗。

清洗清水池、水库时，清洗人员必须仔细洗刷池壁和池底。清洗时要将池内的所有杂物（砂、石等）彻底清理，并对池内情况进行详细检查，清洗后要确保池壁、池底无粘滑现象，池内无可见蚊虫，无泥、砂等物质遗留，确保排水井（吸水井）的干净，清洗完毕必须将洗池水排干。微生物污染高发期或清水池及水库排水放空检查时如发现红虫污染较严重，红虫数量较多，清洗时可采用次氯酸钠溶液进行池壁及池底的洗刷消毒。

清水池、水库清洗完成后，可采用次氯酸钠溶液或氯水喷雾消毒或浸泡消毒。采用有效氯质量浓度 100mg/L 的次氯酸钠溶液或氯水对池壁及池底进行喷雾消毒，药剂停留时间需控制在 30～60min 之间。采用次氯酸钠溶液或氯水浸泡消毒，浸泡消毒水位需达到 0.3～0.6m，各水厂根据池体结构确定，时间一般为 2～3h，2～3h 后检测余氯质量浓度要求高于 20mg/L。非高峰供水期间或时间允许的情况下，水厂及加压站应尽量延长消毒剂的作用时间，以提高消毒效果；而对于高峰供水期间，对清水池及水库的喷雾消毒或浸泡消毒，可增加消毒剂的有效氯浓度，减少消毒剂的作用时间。浸泡消毒时，应先往吸水井等倒入消毒剂，保证余氯不低于 100mg/L，再进行全池（库）的浸泡消毒。浸泡消毒完成后需排空池内消毒水。消毒工作完成后，人员不得再进入清水池或水库内。微生物污染高发期或清水池及水库排水放空检查时如发现红虫污染较严重，红虫数量较多，应同时采用消毒剂喷雾消毒和浸泡消毒，或适当增加消毒剂的浓度和作用时间，浸泡消毒时可适当增加浸泡消毒水深。

清水池及水库的清洗、消毒完成后应做好记录，内容包括：池内情况描述、微生物情况、浸泡消毒浓度、时间、恢复生产时间等。发现异常情况后必须立即报水厂、加压站有关负责人检查处理。

清水池、水库清洗期间必须保证池内的光亮度满足洗池的要求，清洗期间需配备低压照明设备；清洗过程必须有水厂技术组和化验组人员在现场进行监督并签证，确认清洗前的池内情况和清洗质量；消毒操作人员需戴好防护用具，做好安全防护措施。

六、排泥水处理构筑物

调节池（排水池）、沉泥池（排泥池）、浓缩池、上清液回收池、储泥池（平衡池）均每两年放空检查 1 次，并结合排泥水及积泥情况进行合理调整。

放空检查时若发现污泥沉积严重时应进行必要的冲洗。冲洗时必须将池排空，冲洗后要保证池底积泥清除，冲洗完毕后应及时填写清洗记录。

第五章 给水净化技术的发展

饮用水的净化技术与工程设施，是人类在与水源污染及由此引起的疾病所做的长期斗争中产生的，并随之不断发展和完善的。回顾从 1804 年在英国建成世界上第一座城市慢砂滤池水厂至今近 200 年来，饮用水净化技术可分为几个显著不同的阶段。

第一阶段是从 19 世纪初到 20 世纪 60 年代。欧美一些城市由于排出的污水、粪便和垃圾等使地表水和地下水水源受到污染，造成霍乱、痢疾、伤寒等水传染疾病的多次大规模爆发和蔓延，夺去成千上万人的生命。这一阶段促进了饮用水去除和消灭细菌技术的发展。其代表性的工艺流程是混凝沉淀—砂滤—加氯消毒，该技术的目的是去除浊度和杀灭水传染病菌。

第二阶段是从 20 世纪 60 年代开始，随着工业和城市的迅速发展，饮用水水源不仅受到更多城市污水及工业废水等点源污染，而且遭受到更难控制的非点源污染，如城市街道及地面径流水、农田径流、空气沉降、垃圾场的渗滤液等，从各种自来水中检测出 700 多种有机化合物，经研究发现其中 20 多种具有致癌性，还检测出多种难挥发性的有机卤代物。根据英国、美国等一些流行病学家调查发现，长期饮用含多种微量污染物（尤其是致癌、致畸、致突变污染物）水的人群，其消化道的癌症死亡率明显高于饮用洁净水对照组的人群。因此，从饮用水中去除这些微量污染物已成为首要任务。而当时的给水厂的混凝沉淀—砂滤—加氯消毒通用工艺已无法有效去除这些微量污染物，为此从 20 世纪 60 年代开始，对活性炭吸附、臭氧、二氧化氯、高锰酸钾、过氧化氢等氧化剂氧化除污染方法及由其造成的净化系统进行了大量的试验研究，并形成了以臭氧氧化和生物活性炭为代表的深度净化工艺。

20 世纪 90 年代后，饮用水中不断出现新的病原微生物因子，同时饮用水中化学成分的数量急剧增加，水污染更趋严重。抗氯型病原微生物如隐孢子虫的出现也使人们对传统的加氯消毒工艺产生了质疑。贾第虫和隐孢子虫是目前世界水处理界研究最多的病原微生物。贾第虫孢囊的体形大小为 $5 \sim 10 \mu m$，隐孢子虫则更小，为 $2 \sim 5 \mu m$，两种虫病都是一种胃肠炎症，隐孢子虫病则具有周期性腹泻的特征，健康和免疫力强的患者 30 天即可痊愈，而对于免疫力低下者，往往会导致死亡。而去除两虫最为有效的技术是膜过滤。

第一节 膜处理

一、超滤膜工艺的概述

膜分离技术代表着未来水处理发展的时代潮流，被称为 21 世纪的净水技术。截至

2008 年，北美拥有超滤和微滤水厂 250 座，总处理水量达到 300 万 m³/d；在欧洲已有 33 座 1 万 m³/d 以上的超滤水厂，英国膜水厂处理总水量已达 110 万 m³/d；在亚洲，中国澳门、日本、新加坡也建成多个超滤水厂。而在我国内地 2009 年 12 月，采用超滤膜工艺的有：15 万 m³/d 的无锡中桥水厂，10 万 m³/d 的山东东营南郊水厂和 2.5 万 m³/d 的江苏南通芦泾水厂，标志着我国也开始进入膜处理净水工艺时代。

超滤膜应用于自来水处理具有以下突出的优势：超滤膜技术去除了所有胶体颗粒，滤出水水质好，水质稳定，出水浊度几乎与原水水质无关，出水浊度通常低于 0.1NTU；出水微生物安全性高，采用超滤可完全截留水体中的细菌、红虫、贾第虫和隐孢子虫等致病菌；消毒副产物生成量极低，超滤产水的化学安全性好；超滤前可不投加混凝剂，或者仅需投加少量的混凝剂，因此超滤产水无残余金属离子如铁、锰等超标问题；超滤工艺只用压力做推动力，因此分离装置简单，操作容易，易于自控和维修；超滤水厂供水规模灵活，仅需要增减超滤膜组件即可，适用于任何规模供水量的净化处理，并且改扩建容易；膜装置的标准化、模块化与相对集约化，使传统水厂的施工周期缩短，占地面积大为减少。

但超滤膜也有其一定的局限性，比如对氨氮等溶解性指标的去除能力不足；对工作环境的要求高，必须放在有遮挡的地方，避免冰冻和直接阳光照射等。

二、膜技术及工艺

目前超滤膜应用最为广泛的是中空纤维式膜，按进水水流方式不同可分为外压式和内压式；按膜系统制造方式不同可分为压力式和浸没式。

（一）外压式与内压式

1. 外压式

系统进水从中空纤维膜丝的外部由外向内通过膜产生产品水，所以水流通道没有被固体悬浮物阻塞的风险。对压力式膜而言，纤维间死角易导致堵塞，不易清洗。

2. 内压式

系统进水从中空纤维膜丝的内部由内而外通过膜产生产品水，无死角，适于水质良好的原水。但如果来水水质较差，则较外压式膜而言抗污染能力差，且需要更严格的预处理。

外压式与内压式中空纤维膜如图 5-1。

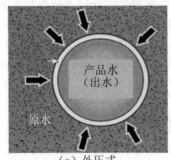
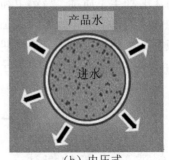

（a）外压式　　　　　　　　　　（b）内压式

图 5-1　外压式与内压式中空纤维膜

（二）压力式与浸没式膜系统

1. 压力式

压力式膜系统是将处理的水经过泵加压后，通过管路引到膜组件内，使水分子在压力驱动下透过膜，而悬浮物、胶体、大分子有机物及微生物等则被阻截。如图5－2所示。

(a)压力式膜组件 　　　　　　　　　　(b)压力式膜系统

图5－2　压力式膜系统示意图

2. 浸没式

浸没式膜系统是将膜组件或膜箱直接浸入到需要处理的水中，采用泵或虹吸的方式实现负压将水及溶解性小分子从膜中抽吸出来。如图5－3所示。

(a)浸没式膜组件 　　　　　　　　　　(b)浸没式膜系统

图5－3　浸没式膜系统示意图

（三）工艺流程

超滤膜系统在国内外均有成熟的运行案例，根据广州西江原水中试结果，经过优化超滤系统的运行参数，考察超滤系统化学清洗方式和效果，膜处理工艺可应用于新建水厂或水厂改造中。试验工艺流程见图5－4、图5－5。

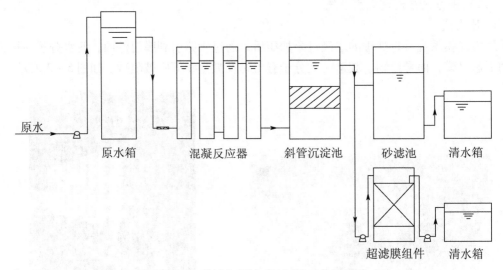

图 5 - 4 砂滤与超滤对比试验工艺流程图

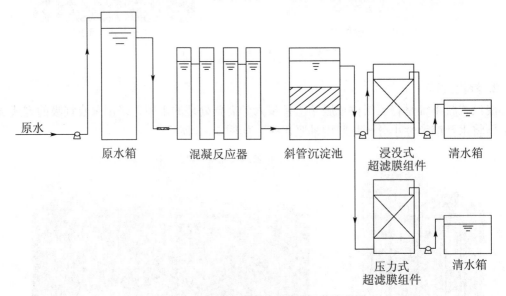

图 5 - 5 各超滤系统对比试验工艺流程图

三、膜技术应用的工程实例

广州市自来水公司下属的江×水厂（二厂）在原设计常规处理工艺的基础上，部分增加了"膜处理"深度处理工艺，以保证出厂水水质达到饮用净水的要求。以下介绍江×水厂（二厂）的情况。

江×水厂（二厂）以西江思贤滘下陈村水道河段水为水源，常规系统设计规模为日供水 30 万 m^3。目前增加了 5 万 m^3/d 的超滤膜工艺（压力式系统），以进一步提高出厂水的水质及适应供水量要求。另一方面，通过在江×二厂率先采取超滤膜工艺，能为规划建设的北部水厂采取何种工艺形式提供技术参考。

其工艺流程见图5-6。

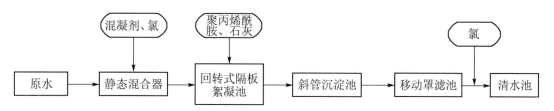

图5-6　江×水厂（二厂）水处理工艺流程

（一）总平面布置

在江×二厂3号清水池上叠建压力式超滤膜车间。

清水池面尺寸为60m×30m，面积为1800m²。超滤膜车间将全部叠建在清水池顶部，车间内设有提升泵房、冲洗机房、超滤机组、投药间、电控室。

中和池设于3号清水池旁的绿化地。

（二）膜处理系统工艺流程

膜处理系统工艺流程如图5-7所示。

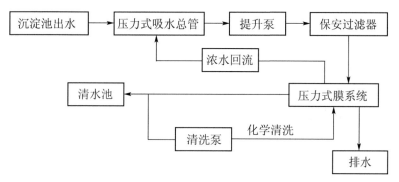

图5-7　膜处理系统工艺流程

（三）水量平衡图

膜处理系统水量平衡如图5-8所示。

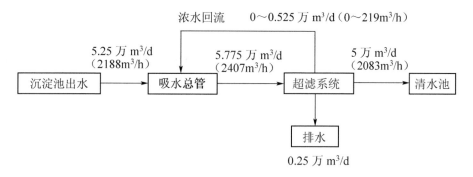

图5-8　膜处理系统水量平衡图

（四）技术参数

膜处理系统主要设计技术参数如表 5 - 1 所示。

表 5 - 1　膜处理系统主要设计技术参数

序　号	内　容	参　数
1	设计产水量	50000 m^3/d
2	产水率	95%
3	设计处理水量	52500 m^3/d
4	最大跨膜压力	0.12MPa
5	设计通量	70L/($m^2 \cdot h$)
6	每日有效过滤时间	22.4h
7	过滤方式	错流过滤或死端过滤
8	系统回流量	0～40%
9	过滤周期	30min（过滤时间 28min，清洗 2min）
10	冲洗方式	单气洗
11	超滤膜组件膜面积	38m^2/支
12	膜单元组件数量	80 支
13	膜单元数量	11 组
14	膜面积	33440 m^2
15	每组膜单元产水量	213m^3/h

（五）运行方式（按调试阶段的运行方式）

（1）过滤：过滤周期约 31.5min

过滤时间为 30min，清洗 92s。

清洗 92s 为：气体吹扫 45s，排水 35s，充水 12s，进入下一个过滤周期。

（2）维护性清洗：2 天一次

程序：在一次清洗后，充水时加入次氯酸钠约 200mg/L，吹扫 20min，排水，然后清洗一次，再进入下一个过滤周期。

（3）恢复性清洗：360 天一次

程序：在一次清洗后，充水时加入次氯酸钠约 500mg/L，吹扫 30min，排水，进行一次清洗，排水，再加入盐酸 150mg/L，浸泡 15min，气体吹扫 30min 后排出，进行两次清洗、排水，然后进入下一个过滤周期。

（六）单体设计

（1）提升泵房

提升泵房内布置提升泵组、保安过滤器和真空泵。

配置三台卧式离心提升泵，二运一备，$Q = 1300m^3/h$，$H = 18m$，变频控制。

配置带自动冲洗功能的四台 0.5mm 的保安过滤器，三用一备：每台流量为 850 m^3/h。

配置真空泵 2 台，一运一备，$Q = 1.3 m^3/min$，$H = -7m$。

（2）超滤膜车间

膜组件车间布置压力式超滤膜组件。总共 11 组，总膜面积为 $33440 m^2$，设计膜通量为 70 L/（$m^2 \cdot h$）。

（3）冲洗泵房

冲洗泵房布置空压机、鼓风机、储气罐。

空压机一运一备，$Q = 6.7 m^3/min$，$H = 70m$，配置 2 个 $1 m^3$ 的储气罐。

鼓风机一运一备，$Q = 8.0 m^3/min$，$H = 40kPa$，$P = 11kW$。

（4）投药间

投药间在超滤膜车间内，分别放置 $NaClO$、HCl、$NaHSO_3$、$NaOH$ 储罐和投药泵。

（5）中和池

设两个中和池，平面尺寸为 $3.5m \times 3.5m$，每个池有效容积为 $12.25 m^3$。

用于还原剂 $NaHSO_3$ 与氧化剂 $NaClO$ 中和，以及用于碱 $NaOH$ 与酸 HCl 中和。

第二节 深度处理技术

随着水体污染日益严重，水厂常规二级处理后的出水，在某种程度上已不能满足人们对水质的要求。研究表明，受污染水源水经常规工艺只能去除水中有机物 20%～30%。由于溶解性有机物的存在，不利于胶体的脱稳而使常规工艺对原水浊度去除效果也明显下降。由于传统意义上采用的"混凝—沉淀—过滤—消毒"等处理工艺以去除水中的悬浮物、胶体颗粒物为主，相对受污染水源中溶解性有机物的去除能力则明显不足，特别是加氯消毒后形成的三致物质及其前驱物更是常规处理方法所难以解决的。因此，在饮用水常规处理工艺基础上出现的深度处理技术以去除水中溶解性有机物和消毒副产物为目的，有效提高和保证了饮用水水质。目前饮用水深度处理技术已取得了长足的进步，各种经济实用的处理技术正逐渐得到较广泛应用。

一、活性炭吸附技术

在各种改善水质处理效果的深度处理技术中，活性炭吸附技术是完善常规处理工艺以去除水中有机物最成熟有效的方法之一。活性炭是一种多孔性物质，内部具有发达的孔隙结构和巨大的比表面积，其中微孔构成的内表面积占总面积的 95% 以上。研究表明，活性炭对有机物的去除主要是微孔吸附作用。因而活性炭的孔径特点决定了它对不同分子大小有机物的去除效果。

试验结果表明，活性炭对相对分子质量为 500～3000 的有机物有十分明显的去除效果，去除率一般为 70%～86.7%，而对相对分子质量小于 500 和大于 3000 的有机物则达不到有效去除的效果。

二、臭氧＋活性炭联用技术

臭氧（O_3）具有强氧化性，最早它是作为饮用水的消毒剂出现的，并且又能去除水中的色度和臭味，因而得到了应用。随着水处理技术的发展，通过利用臭氧的强氧化能力，可以破坏有机物的分子结构以达到改变其物质成分的目的，因此目前对臭氧如何更有效去除饮用水中有机物的研究已成为给水处理中关注的重点。

研究发现，臭氧与有机物的反应具有较强的选择性，臭氧氧化可导致水中可生物降解物质的增多，使出厂水的生物稳定性降低，容易引起细菌繁殖。这些因素的存在，使得臭氧很少在水处理工艺中单独使用。

臭氧＋活性炭联合工艺首先是考虑到水处理中使用的活性炭能较有效去除小分子有机物，但对大分子有机物的去除很有限，当水中大分子有机物含量较多，势必会使活性炭的吸附表面加速饱和，得不到充分利用，缩短使用周期。若进水先经臭氧氧化，使水中大分子有机物分解为小分子状态，如芳香族化合物可以被臭氧氧化打开苯环、长链的大分子化合物可以被氧化成短链小分子物质等，这就提高了有机物进入活性炭微孔内部的可能性，充分发挥了活性炭的吸附表面，延长了使用周期。同时后续的活性炭又能吸附臭氧氧化过程中产生的大量中间产物，包括解决了臭氧无法去除的三卤甲烷及其前驱物质，并保证了最后出水的生物稳定性。

臭氧＋活性炭联用技术从一定意义上可以认为，臭氧氧化提高了活性炭的处理效率。而该工艺之所以有稳定、高效的有机物去除效率，有很大一部分原因在于臭氧氧化导致活性炭进水有机物分子量的减小、可吸附性的提高并使有机物尺寸等特性与活性炭孔径分布协调一致的结果。

三、膜分离技术

在水处理方面，膜分离技术脱离了传统的化学处理范畴，转入到物理固液处理领域。这应该可以看作是由 19 世纪应用快滤方法，作为现代化标志以来，100 年后的又一次重大技术突破。与常规饮用水处理工艺相比，膜技术具有少投甚至不投加化学药剂、占地面积小、便于实现自动化等优点，并已大量应用于城镇自来水的深度处理上。正是由于膜技术的迅速发展，使得该技术被称为"21 世纪的水处理技术"，在水处理中具有广阔的应用前景。

常用的以压力为推动力的膜分离技术有微滤（MF）、超滤（UF）、纳滤（NF）以及反渗透（RO）等。膜分离技术的特点是能够提供稳定可靠的水质，这是由于膜分离水中杂质的主要机理是机械筛滤作用，因而出水水质在很大程度上取决于膜孔径的大小。

微滤（MF），又称精密过滤，其滤膜的孔径为 $0.05 \sim 5.00 \mu m$，操作压力为 $0.01 \sim 0.2MPa$，可以去除微米（$10^{-6}m$）级的水中杂质。多用于生产高纯水时的终端处理和作为超滤、反渗透或纳滤的预处理设施。

超滤（UF），其滤膜的孔径为 $0.005 \sim 0.1 \mu m$，操作压力为 $0.1 \sim 1.0MPa$，可以去除相对分子质量 $3 \times 10^2 \sim 3 \times 10^5$ 的大分子及细菌、病毒、贾第虫和其他微生物。

可以看出，UF 和 MF 在分离对象范围方面较接近，两者的主要区别在于膜孔径大小不同。从调查来看，UF 和 MF 在水处理中截留杂质的作用方面均相当于以除浊为目的的传统工艺。一般膜分离水厂的出水浊度均小于 0.1NTU，所有的出水中大肠菌为零。

由于 UF 和 MF 在水处理中最主要的作用是固液分离，如何将水中杂质特别是溶解性的有机物转化为固相成为充分发挥膜分离作用的关键。实际中，常采用混凝或活性炭使水中有机物被吸附，转化为固相，使膜可以截留除之，同时又能减缓膜污染程度。

四、臭氧＋活性炭＋超滤联用技术

　　臭氧＋活性炭技术可有效地去除水中的各种污染物，包括消毒副产物及其前质。在活性炭上生长的微生物可降解部分有机物，减轻活性炭的负荷，延长活性炭的寿命。但根据生产经验，活性炭上的微生物的增殖，也使得出水中细菌总数增加。如要保证出水在卫生学上的安全，必需投加大量的消毒剂，这有可能导致产生对人体有害乃至致癌的消毒副产物。而超滤技术可有效地去除水中的病原寄生虫、细菌和病毒。这一过程为物理作用，不会产生消毒副产物。因此，采用臭氧＋活性炭＋超滤联用技术，不仅可以有效去除水中的各种污染物，避免产生对人体有害的消毒副产物，同时，由于活性炭降低了水中的有机物含量，可以减轻有机物对膜的污染，延长膜的使用寿命。

附件 水厂工艺流程介绍

1. 西×水厂

西×水厂位于荔湾区增埗河边，前身为增埗水厂，创建于1905年10月（清朝光绪31年），是一间具有百年历史的老水厂。水厂建成后，根据社会发展的需要，进行了多次的更新改造，扩大生产规模，直至1995年，西×水厂实现了稳产 $100 \times 10^4 \mathrm{m}^3/\mathrm{d}$ 的供水能力。

全厂共有四套净水系统，各自相对互相独立，设计总水量为 $100 \times 10^4 \mathrm{m}^3/\mathrm{d}$。

一号净水系统：设计水量为 $40 \times 10^4 \mathrm{m}^3/\mathrm{d}$。

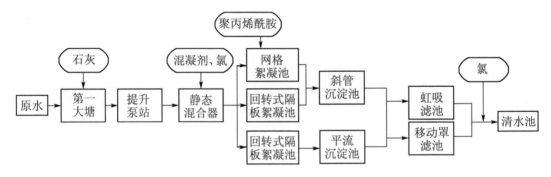

二号净水系统：设计水量为 $10 \times 10^4 \mathrm{m}^3/\mathrm{d}$。

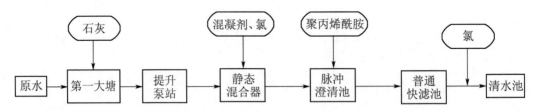

三号净水系统：设计水量为 $35 \times 10^4 \mathrm{m}^3/\mathrm{d}$。

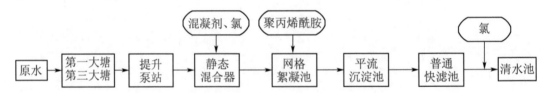

四号净水系统：设计水量为 $15 \times 10^4 \mathrm{m}^3/\mathrm{d}$。

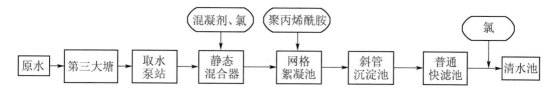

2. 石×水厂

石×水厂位于广州市西北部的旧羊城八景——"石门返照"附近，设计总水量为 $80 \times 10^4 \mathrm{m}^3/\mathrm{d}$。

石×水厂于 1982 年开始建设，工程分三期完成。一期净水系统设计水量为 $20 \times 10^4 \mathrm{m}^3/\mathrm{d}$，于 1985 年投产；二期净水系统设计水量为 $40 \times 10^4 \mathrm{m}^3/\mathrm{d}$，于 1989 年投产；三期净水系统设计水量为 $20 \times 10^4 \mathrm{m}^3/\mathrm{d}$，于 1995 年投产。

一期净水系统：设计水量为 $20 \times 10^4 \mathrm{m}^3/\mathrm{d}$。

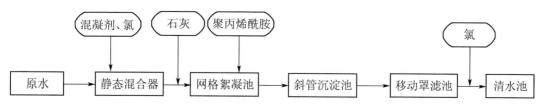

二期净水系统：设计水量为 $40 \times 10^4 \mathrm{m}^3/\mathrm{d}$。

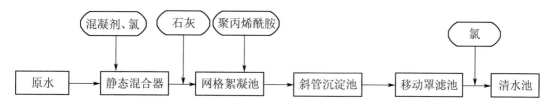

三期净水系统：设计水量为 $20 \times 10^4 \mathrm{m}^3/\mathrm{d}$。

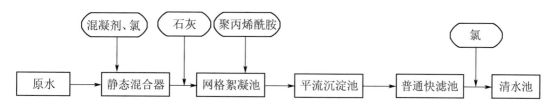

3. 江×水厂

江×水厂位于广州市白云区均禾街石马村，分为一、二两间水厂，其中一厂供水能力为 $10 \times 10^4 \mathrm{m}^3/\mathrm{d}$，二厂供水能力为 $30 \times 10^4 \mathrm{m}^3/\mathrm{d}$，两间厂合计生产能力为 $40 \times 10^4 \mathrm{m}^3/\mathrm{d}$。

江×一厂一期系统：该系统经过改造后，设计水量为 $4 \times 10^4 \mathrm{m}^3/\mathrm{d}$。

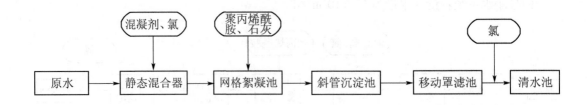

江×一厂二期系统：设计水量为 $6 \times 10^4 \, \mathrm{m}^3/\mathrm{d}$。

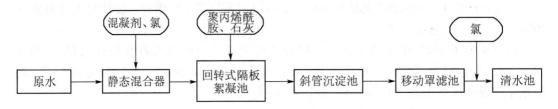

江×二厂：设计水量为 $30 \times 10^4 \, \mathrm{m}^3/\mathrm{d}$。

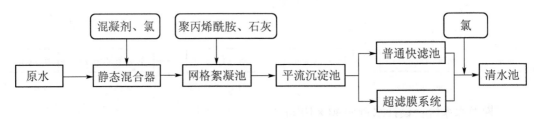

4. 新×水厂

新×水厂位于广州东部，增城市新塘镇大墩乡，与西×水厂一并向增城新塘、广州经济开发区、黄埔、广州石牌以东、海珠区（部分）等地区供水。该厂经过水厂技术升级改造，于 2010 年 11 月建成高速给水曝气生物滤池的生物预处理工艺，建设规模为 $73.5 \times 10^4 \, \mathrm{m}^3/\mathrm{d}$，同时常规处理工艺经过改造后，形成三期系统，其中，一期系统设计水量为 $28 \times 10^4 \, \mathrm{m}^3/\mathrm{d}$，二期系统设计水量为 $15 \times 10^4 \, \mathrm{m}^3/\mathrm{d}$，新系统设计水量为 $30 \times 10^4 \, \mathrm{m}^3/\mathrm{d}$。

其取水泵站建在东江北干流新塘镇大墩乡刘屋洲岛河段 14 航标处的刘屋洲岛上，建设规模为 $130 \times 10^4 \, \mathrm{m}^3/\mathrm{d}$，距离新×水厂约 3km。该泵站同时也向西×水厂提供原水，距离西×水厂约 14km。

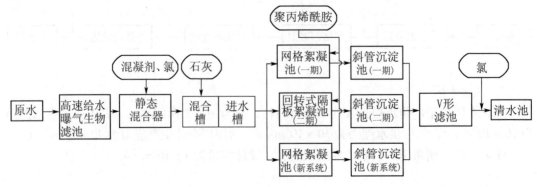

5. 西×水厂

西×水厂位于广州市新塘镇西洲乡和东洲乡，于1996年7月建成投产，设计水量为$50 \times 10^4 \mathrm{m}^3/\mathrm{d}$。该厂经过技术升级改造，于2010年11月建成轻质滤料曝气生物滤池的生物预处理工艺，建设规模为$50 \times 10^4 \mathrm{m}^3/\mathrm{d}$，从而使该厂出厂水水质稳定达到《生活饮用水卫生标准》（GB 5749—2006）。

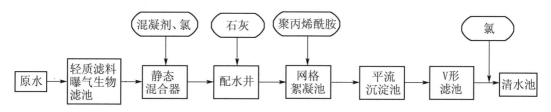

6. 南×水厂

南×水厂位于广州市海珠区新滘镇沥滘村，于2004年10月15日正式建成投产。南×水厂原水取自顺德北滘西海取水点，经2条DN2200原水输水管送至南×水厂。设计水量为$100 \times 10^4 \mathrm{m}^3/\mathrm{d}$，是广东地区首间采用"臭氧–活性炭"深度处理工艺的饮用净水厂。

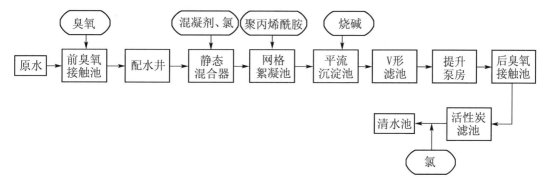

参考文献

［1］许保玖，安鼎年. 给水处理理论与设计［M］. 北京：中国建筑工业出版社，1992.

［2］聂梅生，等. 水工业工程设计手册：水资源及给水处理［M］. 北京：中国建筑工业出版社，2001.

［3］李志刚，等.《生活饮用水卫生标准》贯彻实施与饮用水处理净化及水质监测技术管理实用手册［M］. 北京：中国卫生出版社，2007.

［4］严熙世，范瑾初. 给水工程［M］. 北京：中国建筑工业出版社，1999.

［5］严敏，谭章荣，李忆. 自来水厂技术管理［M］. 北京：化学工业出版社，2005.

［6］包承忠. 净水工艺［M］. 北京：中国建筑工业出版社，1994.

［7］戚盛豪. 给水排水设计手册第3册.［M］. 北京：中国建筑工业出版社，2004.

［8］张悦，等. 城市供水系统应急净水技术指导手册（试行）.［M］. 北京：中国建筑工业出版社，2009.

［9］室外给水设计规范. GB 50013—2006［S］. 北京：中国计划出版社，2006.

［10］城镇供水厂运行、维护及安全技术规程. CJJ 58—2009［S］. 北京：中国建筑工业出版社，2010.